永远有多远

从时间之谜到生命的未来

献给迪迪埃，迎接永恒的伟大出版人。

——菲利普·内斯曼

献给罗克珊，感谢她的支持。

——莱昂纳尔·迪蓬

感谢埃卢瓦博士的细致审阅。

特别感谢

华东师范大学政治与国际关系学院教授、博士生导师 **姜宇辉**

理论物理学家、科普作家 **李淼**

河海大学法语系教师 **陈思宇**

资深法语编辑 **张涛**

在本书中文版出版过程中给予的大力支持。

图书在版编目（CIP）数据

永远有多远：从时间之谜到生命的未来 /（法）菲利普·内斯曼著；（法）莱昂纳尔·迪蓬绘；陈思宇译. — 北京：海豚出版社，2023.6（2024.5 重印）
ISBN 978-7-5110-6331-1

Ⅰ. ①永… Ⅱ. ①菲… ②莱… ③陈… Ⅲ. ①时间－青少年读物②生命科学－青少年读物 Ⅳ. ① P19-49 ② Q1-0

中国国家版本馆 CIP 数据核字（2023）第 049650 号

First published in French under the title:
Eternité. Demain, tous immortels?
By Philippe Nessmann and Léonard Dupond

版权登记号：01-2022-6458

出 版 人：王　磊

项目策划：奇想国童书
责任编辑：张国良　白　云
特约编辑：李　辉
装帧设计：李　琳　李困困
责任印制：于浩杰　蔡　丽
法律顾问：中咨律师事务所　殷　斌 律师

出　　版：海豚出版社
社　　址：北京市西城区百万庄大街 24 号　　邮　　编：100037
电　　话：010-68996147（总编室）　010-64049180 转 805（销售）
传　　真：010-68996147
印　　刷：深圳市福圣印刷有限公司
经　　销：全国新华书店及各大网络书店
开　　本：16 开（889mm × 1194mm）
印　　张：6
字　　数：65 千字
版　　次：2023 年 6 月第 1 版　　印　　次：2024 年 5 月第 2 次印刷
标准书号：ISBN 978-7-5110-6331-1
定　　价：79.80 元

[法]菲利普·内斯曼 著　[法]莱昂纳尔·迪蓬 绘　陈思宇 译

永远有多远

从时间之谜到生命的未来

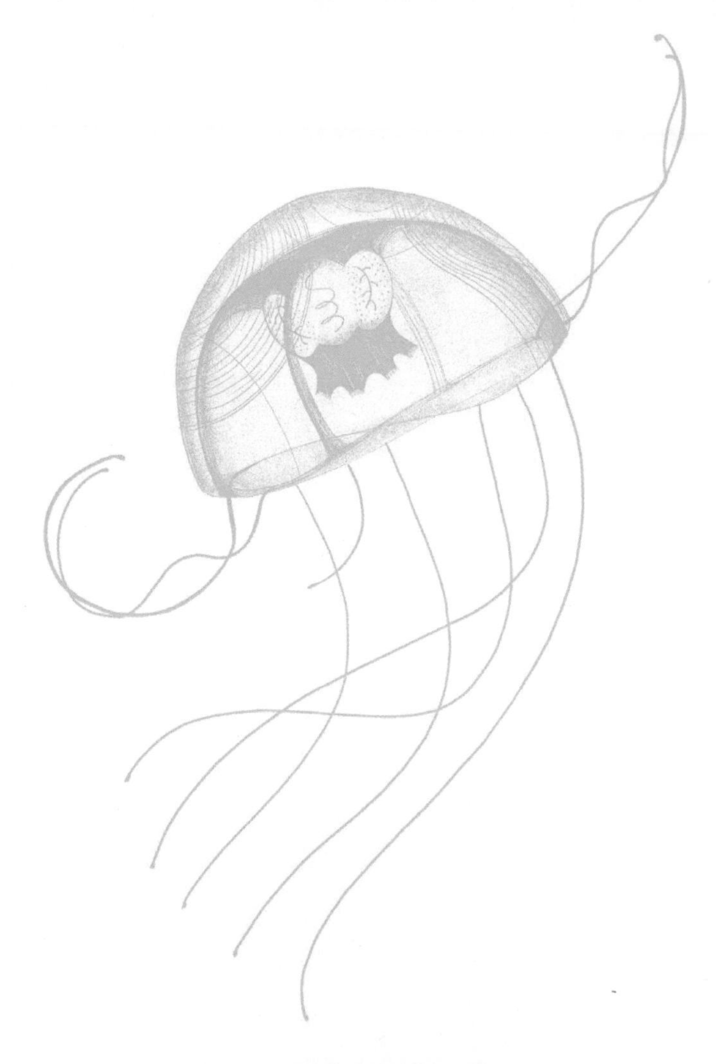

海豚出版社
DOLPHIN BOOKS
CICG 中国国际传播集团

引 言

人类与其他动物有什么区别？用双脚行走？会使用工具？会笑、会哭、会沟通？不，其他动物，尤其是我们的远亲黑猩猩，它们在这些方面一样做得很好。人类和其他动物的最大不同是智力上的差异——人类是能思考复杂事物的动物，我们能够预见问题并提前解决，我们能够设想未来。结果便是，人类能够意识到时间的流逝和人终有一死。这一生命的限期并不令人愉悦，人类便产生了疑问：为什么会衰老？死后是否还有来世？是否存在延长生命的方法？我们能长生不老吗？自史前开始，人类就在思考这些问题，如果你也有相同的疑问，这本书会给你一些线索和答案……

目 录

明天，万物永生？

结语

让我们走得更远

时 间

时间是什么？在没人问我这个问题的时候，我知道它是什么。若有人来问我，当我尝试做出解释时，却又不知该如何回答了。

——奥古斯丁（354—430，神学家、哲学家）

“快点儿，你要迟到了！”

“电影持续1小时35分钟。”

“我一有时间就给你回电话……”

日常生活节奏如此强烈地被时间标记，以至于我们觉得自己对“时间”这个概念早已了如指掌。然而，在看牙医和看电影时，时间流逝的速度似乎并不相同。火星上的时间和地球上的一样吗？如果宇宙不存在，时间是否还会存在？

时间是什么？

自古以来，哲学家们都会对时间的本质进行发问，且众说纷纭。

时间真的存在吗？时间是人类发明的吗？

这里有几个答案……

古希腊哲学家赫拉克利特有句名言：“人不能两次踏入同一条河流。”确实，当你再次踏入河流时，当时的水已经随时间流走了，河流因而不再是那条河流。这位古希腊哲学家探讨了时间的一个重要特性——**不可逆性**。时间总是朝同一个方向流逝，这就是“时间之箭”。

公元前4世纪，古希腊哲学家亚里士多德指出：“时间是就先后而言**运动的数**。”也就是说，我们周围的世界一直在变化中，时间就是衡量物体或星球移动速度、植物生长速度的尺度……

之后，奥古斯丁指出，时间只存在于**人的心灵**之中。过去的真实性只存在于记忆中，而未来存在于期待中。在过去和未来之间，现在是一连串瞬间的集合，是未来消泯于过去的时刻。对于这位哲学家来说，无法记住过去、计划未来的物体或生命是没有时间概念的，因此对于他（它）们来说，时间是不存在的。

20世纪初，法国哲学家亨利·柏格森区分了**两种不同的时间**。一种是被时钟客观测量的时间，即科学家在公式中、我们在日常生活中（例如要准时上课或上班）所运用的时间。另一种则是依靠我们主观感受的持续时间。如果你非常想喝一杯糖水，当你把一枚糖块放入水中溶化，你会感受到等待期间所经历的时长，似乎比钟表上实际流逝的时间要长。

夜色降临，钟声悠悠

在很久以前，人类就观察到了随时间流逝发生的自然变化，许多用于表示这些变化的时间单位，即由此而来。

每天早晨，太阳升起，然后升至高空，傍晚又落下，接着夜幕来临。**日夜交替**是时间流逝最简明的佐证。地球自转一圈为1天，这是最明显的时间单位。

夜复一夜，月亮也改变着形状：满月、残月、新月、蛾眉月，之后又回到满月。月亮绕地球运行周期约为27.32天，而月相的周期性变化约为29.53天，这便是**阴历月份**的由来。

在温带地区，月复一月，植被也产生了变化：大部分的树木发芽、开花、结果、落叶、冬眠。春、夏、秋、冬，**季节**也是另一个很容易观察到的时间单位。

地球围绕着太阳公转一圈，重回到1年前的初始位置，**1年**就这样过去了……

根据这些自然时间单位，人类又定义了**其他时间单位**：小时（1天的1/24），分钟（1小时的1/60），秒（1分钟的1/60），周或星期（7天），世纪（100年）……

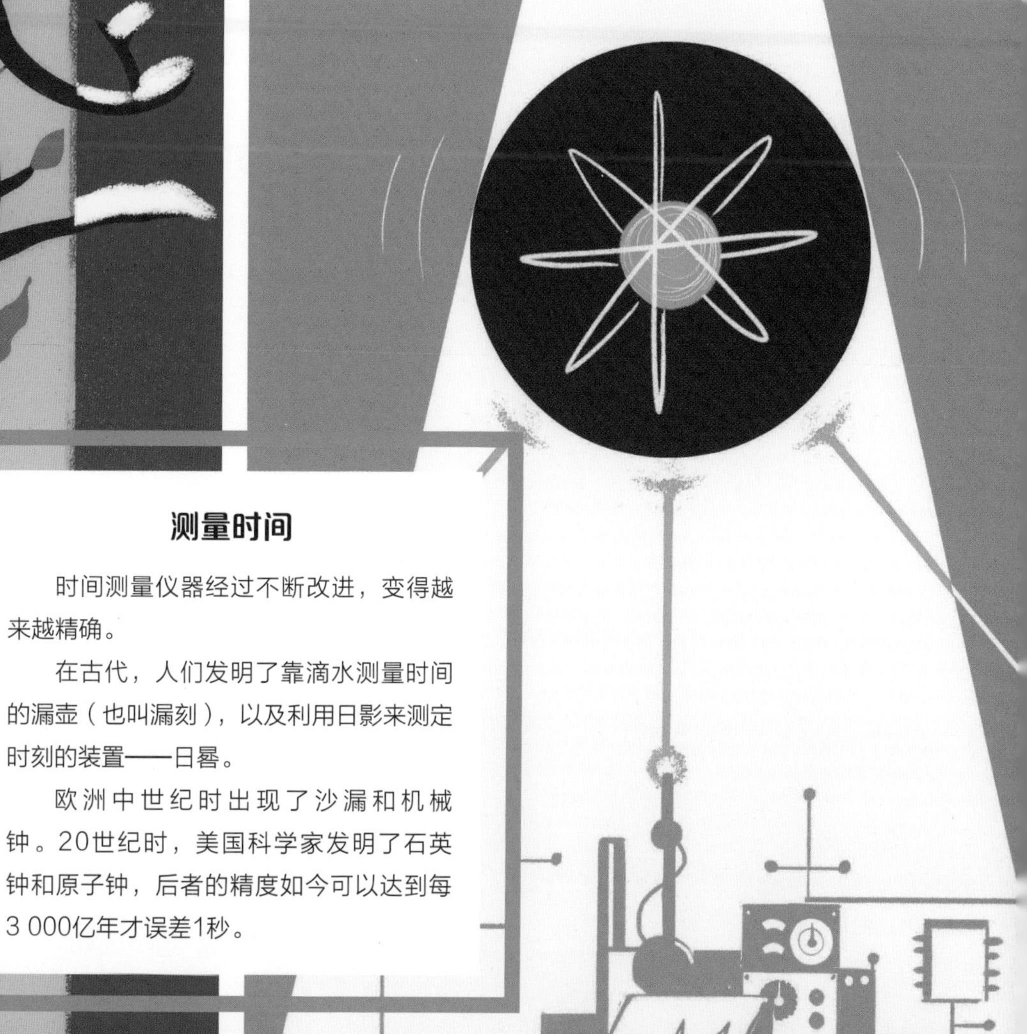

测量时间

时间测量仪器经过不断改进，变得越来越精确。

在古代，人们发明了靠滴水测量时间的漏壶（也叫漏刻），以及利用日影来测定时刻的装置——日晷。

欧洲中世纪时出现了沙漏和机械钟。20世纪时，美国科学家发明了石英钟和原子钟，后者的精度如今可以达到每3 000亿年才误差1秒。

时间有开端吗？

我们的宇宙大约诞生于138.2亿年前的大爆炸。在此之前是什么样呢？如果空无一物，时间在那时是否存在呢？

在20世纪30年代，天文学家证实了**宇宙在膨胀——**宇宙中星系间的距离在不断变大。宇宙就像是个被越吹越大的气球。如果能够回到过去，我们会发现星系之间挨得很近。如果能把时间追溯到更远，我们会发现宇宙收缩为一个密度无限的小点。

宇宙创生的这一“零时刻”被称为**大爆炸**（Big Bang）。方程证明宇宙在大约138.2亿年前诞生，那么，在此之前是什么样呢？有别的东西吗？时间是和大爆炸一起诞生的，还是在此之前就已经存在？研究人员试图回答这些问题，却遇到一个虚拟阻碍**——普朗克时期**，即大爆炸后的1个普朗克时间①内。

当前的物理学让我们得以了解在普朗克时期后和今天之间发生了什么。然而，在普朗克时期里发生的事还是未知数。那时的宇宙极其致密和炙热，以至于各种方程都无法适用。在找到能够解释宇宙初始阶段发生之事的模型之前，我们无从知晓时间是否拥有“零时刻”或时间是否一直都存在……

---

①普朗克时间是物理学上最小的时间单位，1普朗克时间为10^{-43}秒。宇宙中没有比这更短的时间存在。

宇宙会消失吗？

长久以来，科学家们认为宇宙有一天会停止膨胀，转而在自身的引力下不断收缩，最后变为密度无限大的奇点，就像在大爆炸时刻一样，这便是宇宙大坍缩论（Big Crunch）。然而，在20世纪90年代末，天文学家发现宇宙正在加速膨胀。因此，我们或许可以躲过大坍缩的厄运。

多变的变量

对于所有人来说，时间流逝的速度都是一样的吗？我们曾对此坚信不疑，直到阿尔伯特·爱因斯坦提出了相对论……

如果你盯着手表看，会发现秒针在坚持不懈地、有节奏地运转。时间的流逝似乎是规则、均匀的……根据这一观察，物理学家艾萨克·牛顿在17世纪提出了建立在绝对时间基础上的力学定律，他认为时间是永远不变的，以一种均匀的速度流逝。天体在宇宙空间中的运转、它们的位置和运动速度也遵循着这个规律。

到了20世纪，不得了！阿尔伯特·爱因斯坦用他的**相对论**颠覆了科学认知，革新了人们的观念。他解释说，事实上，时间的流逝速度并不是一成不变的：这与观察者的移动速度有关——观察者的速度越快，时间对他来说越慢；时间还和引力有关——如果接近一个引力极强的物体，例如黑洞，时间流逝也会变慢……

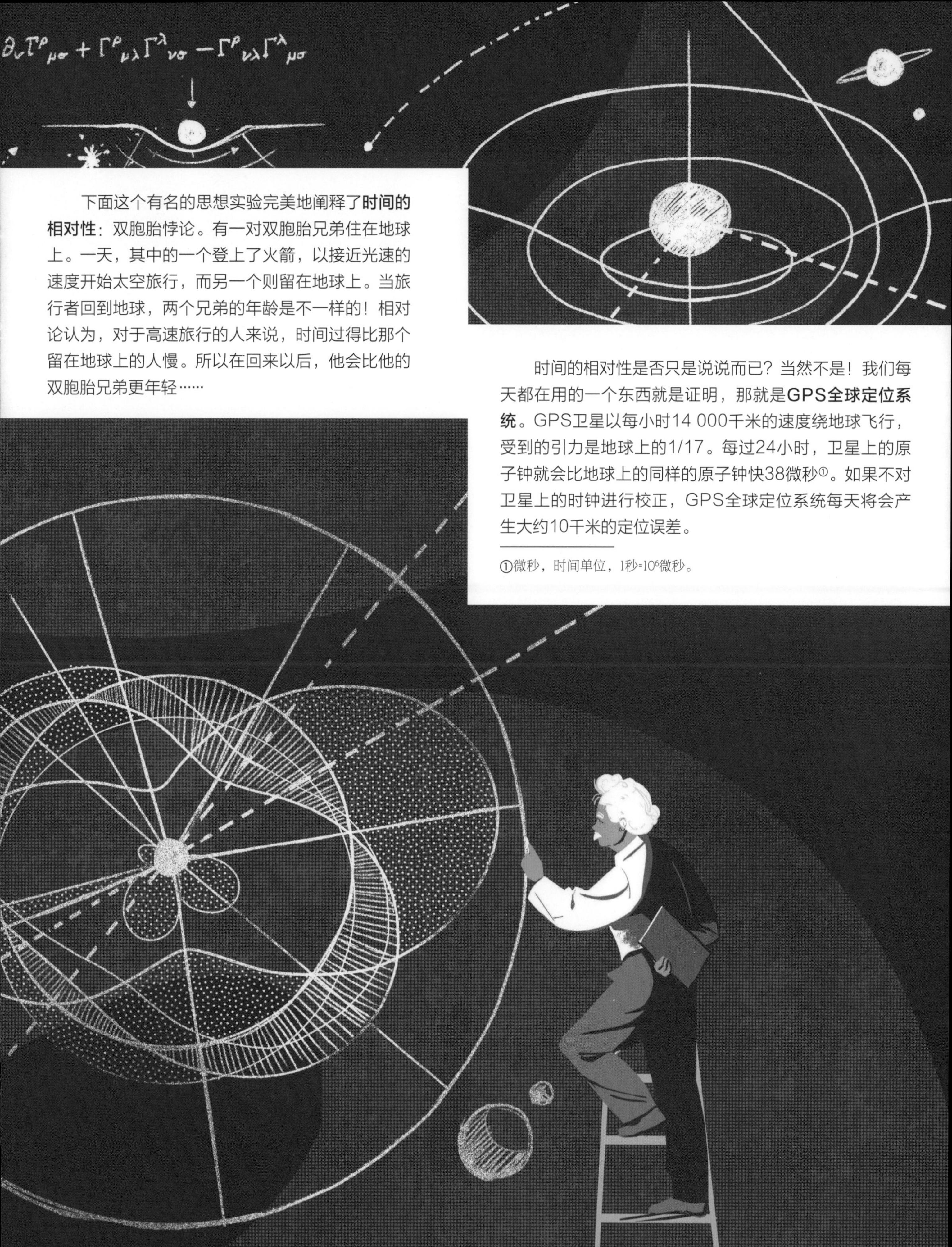

下面这个有名的思想实验完美地阐释了**时间的相对性**：双胞胎悖论。有一对双胞胎兄弟住在地球上。一天，其中的一个登上了火箭，以接近光速的速度开始太空旅行，而另一个则留在地球上。当旅行者回到地球，两个兄弟的年龄是不一样的！相对论认为，对于高速旅行的人来说，时间过得比那个留在地球上的人慢。所以在回来以后，他会比他的双胞胎兄弟更年轻……

时间的相对性是否只是说说而已？当然不是！我们每天都在用的一个东西就是证明，那就是**GPS全球定位系统**。GPS卫星以每小时14 000千米的速度绕地球飞行，受到的引力是地球上的1/17。每过24小时，卫星上的原子钟就会比地球上的同样的原子钟快38微秒①。如果不对卫星上的时钟进行校正，GPS全球定位系统每天将会产生大约10千米的定位误差。

①微秒，时间单位，1秒=10^6微秒。

生物钟

所有生物体内都存在一种无形的时钟——生物钟。但是，这座生物钟没有石英表那么精准。在不同情况下，生物钟可能会发生紊乱，甚至造成时间扭曲……

嘀嗒，嘀嗒，嘀嗒……似乎每个生物体内都有为其调节昼夜节律（或者说**24小时周期**）的生物钟。生物钟不仅管理动物的睡眠和进食时间，还能管理含羞草叶子的开合——即使在全黑的环境里，含羞草还是会定时开合。这种生物钟是在我们无意识的状态下工作的。

一些动物还拥有其他类型的生物钟，并且会有意识地使用。科研人员训练鸽子每10秒（不多也不少）触碰开关获得谷粒。家禽类都可以做到这一点，这也就证明了它们拥有能**感知较短时间**的生物钟。我们人类也拥有类似的生物钟，让我们能够协调日常活动，比如我们不用看表就知道大约需要多长时间能煮熟鸡蛋。

但生物钟有时候也会出错。看一部好电影花的20分钟，会显得比在牙医的扶手椅上度过的20分钟要短……如果不幸跌倒，你会发现在摔倒的一瞬间，时间好像变慢了。这种感觉是从哪里来的？负面情绪似乎会造成**时间延长的假象**。摔倒时，我们的大脑被大量的密集信息充斥，它无法想象整个过程其实只持续了一瞬间，因此摔倒的时间被不可避免地“延长”了……

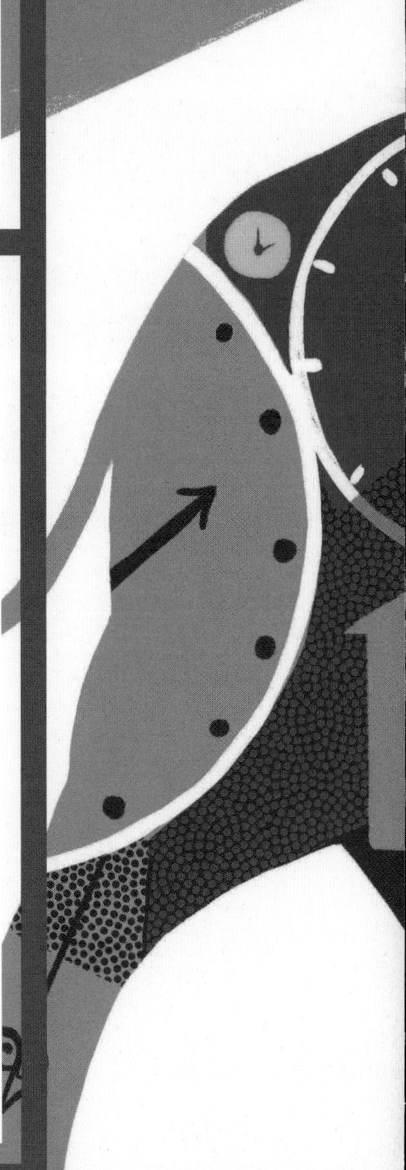

一切都是相对的！

2012年，美国神经物理学家大卫·伊格曼做了一个让人头晕目眩的实验。他招募了几个志愿者去美国达拉斯的“零重力”游乐园参加这项实验。这些志愿者要在身上系着安全绳，从46米高的高塔上往下跳，然后落到一个安全网上。坠落过程实际上只花了3秒钟，但所有参与者都觉得经历了比3秒更长的时间，他们平均认为有4秒钟。

生与死

死亡是一件每个人早晚都会穿上的衣裳。

——非洲谚语

动物、植物和细菌都是时间流逝的鲜活证明：树木会发芽，毛毛虫会变蝴蝶，孩子会长大，大人会衰老……这些进程都是无法挽回和不可逆转的——我们无法让时光倒流！对于所有生物来说，生命之旅的终点是相同的，那就是死亡。

生命是什么？

动物、植物、真菌、细菌……生物的形态各不相同，但它们有一些共同特点，使之与非生物区别开来。

所有生物都从**周围的环境**中汲取生存所需物质：食物、氧气、水……然后会产生废料，排出废料。这就是生物的“新陈代谢”机制。

生物都会**生殖繁衍**，能够生产出与自身相同或相似的生物。

生物**时刻都在运动**。当然了，奔腾的骏马看起来比花盆里天竺葵的运动更为明显。然而，天竺葵也是在不断生长的，汁液在它的茎干、叶片中循环。

除病毒外，生物都由**细胞**构成。细胞体形极微，要用显微镜才能看得到，含有生物的遗传物质DNA（脱氧核糖核酸）。DNA相当于生物的身份证明。一个成人由超过30万亿个细胞组成，而一个细菌只含有一个细胞。

生物或非生物

一些物体显而易见地被划归到生物的种类之中：章鱼、蚊子、牛肝菌、梧桐……另一些则被列入非生物的种类中：石头、云朵、汽车……而对于病毒来说，答案并不明确。比如流感病毒或艾滋病病毒，它们也有基因，会进化和繁殖；但是它们不能独立生长和完成繁殖，而是需要寄生在活细胞中。它们也不能进行独立的新陈代谢。所以，病毒是介于生物与非生物之间的特殊生物。

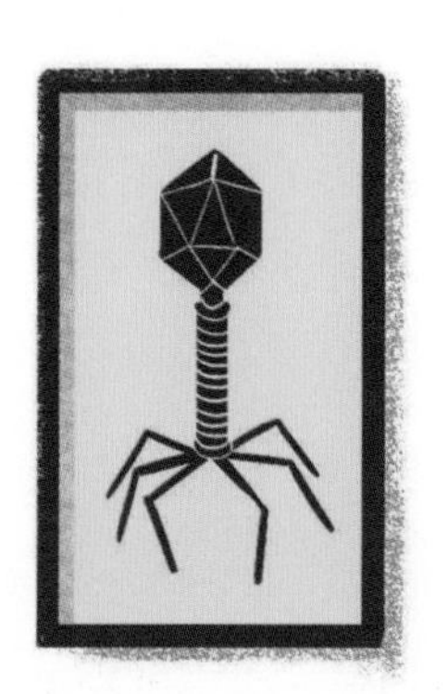

动物的生命

人类的动物朋友们寿命差别很大。如果你的宠物是一只猫，你一定活得比它长。但是与弓头鲸相比，我们人类的寿命则会短一些。

生命的一个特性就是有一天会终止。在经历了或长或短的生命之旅后，所有生物都会死去。生物的寿命长短很大程度上取决于它们所属的物种。而对于个体来说，生存条件也是至关重要的。

以一只猫为例。如果不生病也没被车撞到，它可能活20年，即这一物种的**潜在寿命**。当然了，不是所有的猫都能“颐享天年”的。经常挨饿、受伤的流浪猫寿命小于5年。而家养的猫饮食均衡，经常看兽医，寿命常常超过15年。

不同种类动物的潜在寿命差别很大。简单来讲，越是体形小的、容易成为猎物的动物，繁殖得越快，后代的数量越多，寿命也就越短。一只家蝇的潜在寿命约为55天，老鼠约4年，刺猬约12年，兔子约15年，知更鸟约19年，鸽子约20年，奶牛约20年，山羊约24年，大象约80年，弓头鲸能达到200年以上。

长寿记录

- 2006年，英国科研人员捕捞到了一只巨大的圆蛤。根据贝壳上的生长纹路，科研人员判断它出生于1499年，相当于明朝弘治十二年。科学家因此为其取名为“明”。这只圆蛤是我们所知的最长寿的动物！

- 2016年，科研人员借助碳14测年法推测：一条5米长的雌性格陵兰鲨鱼的年龄可能高达512岁，2020年被更正为392岁左右，它也是最年长的脊椎动物……

- 1977年7月，一条名叫“花子”的锦鲤在日本去世，享年226岁。

- 巨型龟也可以活很久。加拉帕戈斯陆龟哈丽活了175年，辐射陆龟图伊·马里拉活了188年，印度洋阿尔达布拉巨龟阿德维塔的寿命则长达255年。当然这些数字会有误差。

植物，长寿冠军！

和动物一样，植物也有生老病死。一些植物在一年内完成其生命周期，一些则用两年的时间。然而，还有一些植物可以存活几千年。

对于一些植物来说，一切都发生得很快。春天时，种子发芽，植物生长、开花、结果、产籽，在冬天死去；第二年春天，果实里的种子接班从头来过。这种植物被称为**一年生植物**，蒲公英、虞美人、矢车菊等都属于这一类。

还有一些植物的生命周期是两年：第一年种子发芽生根、生出茎叶；第二年春天，开花结果、产籽，直至死亡。在**二年生植物**的家族中，有雏菊、三色堇、报春花等；此外还有一些蔬菜，比如根芹、甜菜、西蓝花。

最后，不要忘了**多年生植物**，包括乔木、灌木、蕨类植物、竹子以及其他一些能活好几年的植物。在这个家族中，一些成员能活很久很久！一些长寿记录包括：玫瑰可以活1 200年，法国梧桐1 300年，椴树1 500年，猴面包树2 500年，巨杉3 000年，云杉9 550年，候恩松11 000年，橡树可以活13 000年……

潘多的记录!

美国有个名叫“潘多”（Pando，拉丁语意为：我伸展）的颤杨树林，林子里47 000棵树木全都是由地下唯一的巨大树根生长而来的。虽然每棵树的寿命并不很长（大约130年），但整个树根系统已经生长了8万年。这使它成为世界上最长寿也最庞大的生物（总重约6 000吨）。

人类的预期寿命

我们人类的预期寿命又如何呢？这和很多因素有关。告诉我一些你的背景信息，我或许能给你答案！

预期寿命是什么？预期寿命是指在特定时期、特定人群中出生的人，预期可存活的平均年数。当然，这些人中有些可以活得比这个数字更久，有些则会提前去世。

昨天还是今天？预期寿命与时代有关。1949年，中国人的平均寿命约为35岁！之后，随着医疗卫生、食品营养、工作条件、安全标准的进步，在1981年达到了68岁，在2021年达到78.2岁。

世界各地？生活条件在各个国家是不同的。婴儿夭折，艾滋病等疾病，战争、饥荒等因素，使一些国家的人口预期寿命下降。2015年，法国、瑞士、日本、加拿大、澳大利亚的人口预期寿命平均值超过82岁，而科特迪瓦、乍得、安哥拉、塞拉利昂的人口预期寿命平均值则小于54岁。

男性还是女性？只有这么一次，女性成了普遍存在的男女不平等现象中的受益方。在世界各国，女性的预期寿命都更长。2019年，中国女性平均预期寿命为80.5岁，男性为74.7岁，差异约6岁之大。这缘于很多方面的因素，包括女性饮酒抽烟少、开车更注意安全、也更会照顾自己、重体力劳动少于男性，同时，雌性激素让她们天生能够抵御一些心血管疾病。

办公室还是工地？据调查，一个在条件良好的办公室工作的人，比在工地或工厂里的工人平均多活6年。除了工作没那么累以外，前者一般还有更好的薪水用以负担更好的健康护理和获得更优质的食物。

珍妮和其他长寿老人

法国人珍妮·卡尔芒活了122岁零164天，是吉尼斯世界纪录认证的最长寿老人。

物种的生与死

不是只有生物个体会死亡，它们所属的物种同样会灭绝。最后一只猛犸象死去那天，它所在的物种也随之消亡了……

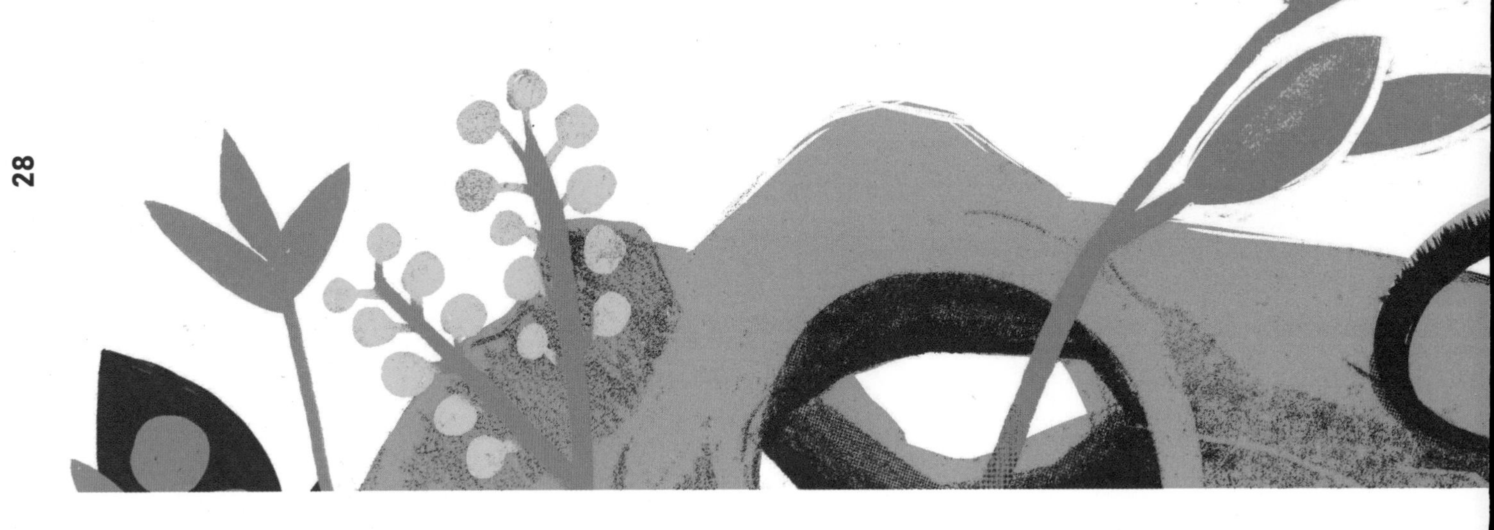

物种是指个体间能相互交配并繁育出有生殖能力的后代的相似动植物群体，一个物种一般不能与其他物种自由交配。黑头鸥、虎鲸、勃艮第蜗牛都是动物物种。

所有物种并不是一开始就有的，它们都是从另一个物种**演变**来的。来自南美洲的地雀在加拉帕戈斯群岛①定居已久，它们逐渐演化出了13个新物种以适应不同小岛上的食物：一种地雀长有细长喙，便于吃到仙人掌果肉；一种地雀的喙比较大，很适合压碎植物种子；还有一种地雀的喙很尖锐，便于啄食昆虫……英国博物学家查尔斯·达尔文对这些鸟的研究启发了他的生物进化论。

①加拉帕戈斯群岛又称科隆群岛，隶属厄瓜多尔，位于东太平洋和三大洋流的交汇处，由十几个火山岩岛屿组成，该群岛以动植物物种繁多、保护良好而闻名于世。

既然有物种的出现，也就会有物种的**消亡**：当生存环境改变或无法与新物种抗衡时，它们就会走向灭绝。研究人员认为，在不出意外的情况下，一个物种的存活时间是500万至1 000万年。约公元前1万年，在上次冰河时期末期，美洲剑齿虎灭绝了，原因在于它们的食物——猛犸象之类的大型食草动物难以在冰期存活。

活化石？

化石资料显示，现在的一些生物，例如银杏、矛尾鱼和节肢动物鲎（hòu），同几亿年前的古老物种相貌很相似。它们是一直没有进化吗？不是，它们或许不完全是同一物种，所以“活化石”的说法不太恰当。

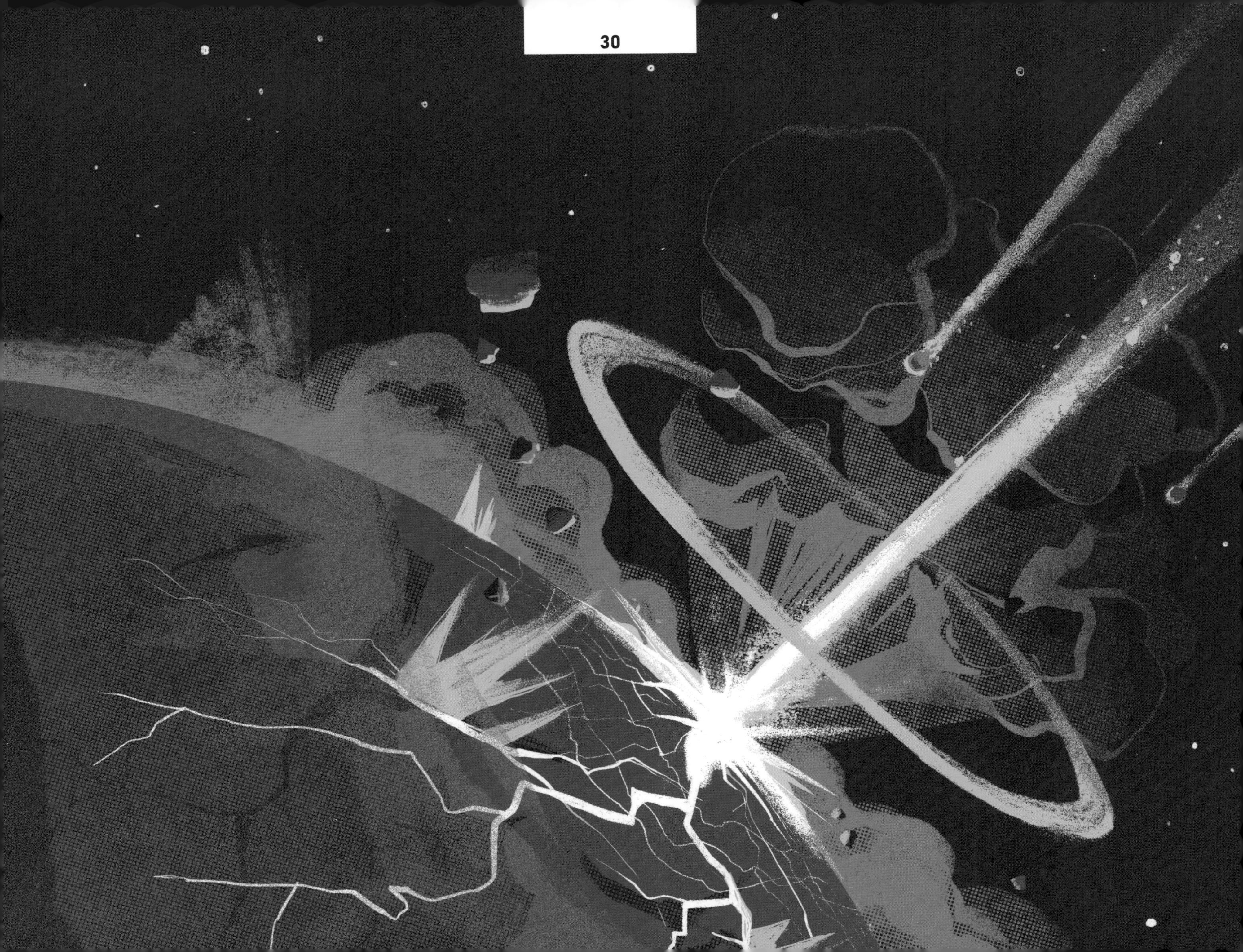

生物大灭绝

一个物种会在某时某刻走向灭绝，这并不罕见，但有时地球上也会发生一些不同寻常的事件，致使很多不同生物种群一起灭绝。

我们将地球上大约四分之三的生物快速灭绝称作“**生物大灭绝**”。当然，这里的“快速”并不是相对于人的标准而言，而是相对于地球的标准：大灭绝的发生最多可持续几百万年。

化石研究证实，我们的星球已经遭遇了**五次大灭绝**，距今分别有4.4亿年，3.6亿年，2.52亿年（也是最可怕的一次，95%的海洋生物和70%的陆地生物都消失了），2亿年和6 600万年。

科学家们对导致这几次生物圈危机的**原因**解释不一：冰期导致了海平面的大幅下降；来自太阳的伽马射线暴击中了地球，从而终结了生命；巨型火山喷发的火山灰遮挡住了阳光；陨石落在了地球上……这是其中最有影响力的一些推测。

6 600万年前的大灭绝是最有名的一次，**恐龙**就是在那时灭绝了。同时代，食物链的重要一环——海洋浮游生物也几乎绝迹了。

每次生物大灭绝之后，生态系统都会逐渐复苏并繁荣起来——幸存下来的物种会演化出更多样的**新物种**。在最近一次大灭绝中，几乎所有体重超过25千克的动物都消失了。此后，小型哺乳动物利用恐龙留下的生态空间迅速繁衍壮大，成了地球的新主人。

第六次大灭绝？

如今，越来越多的动物物种正在消失或面临灭绝威胁，以至于出现了第六次大灭绝的说法。不过这一次，导致大灭绝的元凶是明确的：人类。

生物多样性指的是地球上生命形式的多样化。相关研究包括生存环境层面（海洋、森林、草原……），物种之间层面（不同物种如何相互作用，如何与环境相互作用）以及生物个体层面（从遗传学角度看，同一物种的个体之间有何不同）。

截至2022年年底，科研人员已经描述了约**206.5万个不同的物种**。其中有382 000种植物，140 000种真菌，1 053 578种昆虫，80 000种软体动物，70 297种鱼类，8 054种两栖类动物，11 688种爬行动物，10 598种鸟类，6 025种哺乳动物。但尚未被发现的物种数量更为庞大，大约有500万到1个亿!

有这么多丰富的物种，我们可能觉得地球状况很好。事实并非如此！我们知道，物种的生存时间是有限的，然而现如今，它们灭绝的速度是合理数值的成百上千倍。根据世界自然保护联盟（IUCN）2022年的数据，27%的哺乳动物、13%的鸟类、37%的鲨鱼，以及41%的两栖动物的生存状况都受到了威胁。按照这个速度下去，在一个世纪内，一半的物种都会消失。因此，一些研究人员提出了**第六次生物大灭绝**这一警告。

谁是这场灾难的罪魁祸首？**人类及其活动**！建造城市和公路，过度捕捞和狩猎野生物种，毁林取木、造田，污染空气、水和土地，引进外来入侵物种，改变生活环境以致全球气候变暖……人类对自然造成了无可挽回的伤害。

复活灭绝物种

在电影《侏罗纪公园》中，一位科学家使恐龙重获生命。科学真的可以让灭绝的生物复活过来吗？类似的实验早已有之……

每个生物的细胞中都有一种长链物质——**DNA**。DNA分子可以分成许多个小片段，带有遗传信息的片段叫基因，表明生物是如何生长的：人有两条腿、两只胳膊、一副躯干、一个头；金丝雀有两只翅膀和一张尖嘴；玉米有玉米穗和黄色的玉米粒。这些，都缘自其特有的基因。

在同一物种中，DNA在不同个体间有些许差别，这解释了为什么有男人和女人、高个子和矮个子、金发和黑发之分……两个物种差别越大，DNA就越不同。人的基因与黑猩猩**基因相似度**极高，和黄皮苹果的基因相似度则比较低！

2009年，研究人员曾试图**复活**灭绝了9年的比利牛斯山羊[①]。首先，他们从最后一只比利牛斯山羊身上提取DNA，然后从另一只普通母山羊身上提取卵细胞，将其中的DNA取出，最后把比利牛斯山羊的DNA注入卵细胞中，并把这个卵细胞放回母山羊的子宫内。五个月后，母山羊产下了一只比利牛斯山羊。可惜的是，因为肺部缺陷，这只比利牛斯山羊只存活了几分钟。

①比利牛斯山羊生活在南欧比利牛斯山脉的崇山峻岭中。它们在悬崖峭壁间生活，行动非常敏捷，因此又称“悬羊”。

克隆——这一用于比利牛斯山羊的技术能否让渡渡鸟[②]、猛犸象甚至恐龙复活？对于恐龙的复活，答案是否定的：DNA无法保存如此之久。对于其他生物，技术上来说是可行的。但我们是否有权利这样做？克隆出的动物将在当今世界处于何种位置？这样做要付出多少代价？为了克隆比利牛斯山羊，科学家们共植入了54个胚胎，只有一个撑到了最后，但也很快死亡了……这个项目花费昂贵，之后便被放弃了。人们不禁思考：与让灭绝的物种重生相比，把财力用来拯救仍存活的动物，岂不更好？

②渡渡鸟，原产于毛里求斯岛的一种不能飞行的鸟，1507年左右为葡萄牙海员发现，后因人类及其引进的其他动物活动而灭绝。

永恒之梦

永生是所有凡人的疯狂梦想。

如果我们是永生的，反而会梦想死亡。

——亚历山大 · 季诺维耶夫（1922—2006，俄罗斯思想家）

死亡是生命的终点吗？如果答案是否定的，那么之后会发生什么？离开活了一辈子的世界前往未知之境，多少会让人感到害怕。为了寻求安慰，人们开始在脑海中设想死后居住的世界。宗教会给我们解释灵魂的遭遇，神话为我们讲述人类寻找永生的故事。所有人都想永葆青春，长生不老……

永恒还是永生？

“永恒”和“永生”常被认为是同义词，然而它们的意思并不完全相同。希腊诸神、基督徒的上帝是永恒的，还是永生的？

“永恒”存在于时间之外；天、年、世纪都可以流逝，永恒却是亘古不变的。这就会产生两个推论：既然永恒不会改变，就说明它始终存在，并且还会一直存在下去。所以永恒既没有起点也没有终点。

“永生”指的是生命永远不会死亡，即生命没有尽头。但这并不意味着没有开始！在出生之前，这个生命体是不存在的。

在不同文化的**神话传说**中，神灵都是永生的——受伤不会危及他们的生命。但他们不是凭空出现的，而是在某个时刻诞生。比如，在希腊神话中，众神之王——宙斯是泰坦之王克洛诺斯与其姐姐瑞亚生下的第六个也是最后一个孩子，宙斯还是阿波罗（太阳神）、雅典娜（智慧女神、战争女神）、赫尔墨斯（畜牧、商业之神）、阿尔忒弥斯（月亮和狩猎女神）等神灵的父亲。

在**三大一神论宗教**（犹太教、基督教、伊斯兰教）的教义中，神是唯一的、无限的、永恒的。神没有开始或结束，在宇宙诞生之前就存在了，因为根据记载，是神创造了世界。即使时间走到了尽头，神也会继续存在。在此意义上，神即“永恒”。

在**日常语言**中，“永恒”成了“有开始而没有终点的无限长时间”的同义语。

近乎“永生”

据《旧约》记载，人类早期的族长都很长寿：亚当、塞特、以挪士、该南、诺亚都很轻松地活过了900岁！这一纪录被塞特的后裔玛土撒拉打破，因为他活了969岁；他的名字成了长寿的代名词。在大洪水[1]后，人的寿命便开始不断缩减：亚伯拉罕活了175岁，雅各活了147岁，摩西活了120岁，而大卫则活了70岁。当然，这些年龄只是象征性的，似乎意在说明，随着世代更迭，人类逐渐从神话人物过渡到历史人物。

①大洪水指《旧约・创世纪》中神降洪水灭世，只有诺亚方舟上的生命幸免于难的故事。

埃及木乃伊

死后有来世吗？同其他很多文明一样，古埃及人对此深信不疑。他们将死者制成木乃伊，正是为其在冥间生活做准备……

法老死了！法老死了！对于古埃及人来说，国王或其他贵族的去世标志着时间争夺战的开启——为了让死者获得**永生**，尸身必须状况良好。

用防腐香料处理尸体之后，祭司用盐覆盖尸体，以去除水分。40天后，祭司清洗尸身皮肤，用油脂、香膏将其软化。最后他们用浸了树胶的亚麻布条将尸身包裹。**木乃伊**就做好了。法老在世时所拥有的**灵魂和生命力**都会重新回到身体中。一旦“完满”了，死者就开始踏上前往来世的漫长旅程，在此期间，他还会使用墓中的武器、日用品和食物。陪葬的还会有一本《亡灵书》，提醒死者在冥间如何躲避危险，同时传授一些战胜敌人的咒语。

还有重要的一步是**灵魂称重**。在冥王奥西里斯面前，死者要把自己的心脏放在天平的一端，天平的另一端，则放着一根象征正义和公平的女神玛阿特的羽毛。如果心脏更轻，说明死者度过了纯洁正直的一生，通往永恒国度的大门将为他开启；反之，死者则会被“吞噬者”——一个长着鳄鱼头、狮子上身和河马后腿的怪物阿米特吞食……

复活者奥西里斯

在埃及神话中，奥西里斯是善神、农业之神。他的兄弟赛特因为妒忌，将他杀害。他的妹妹伊希斯将尸体找回，制成木乃伊，复活了奥西里斯。奥西里斯后来成了冥王，掌管对死者的审判。

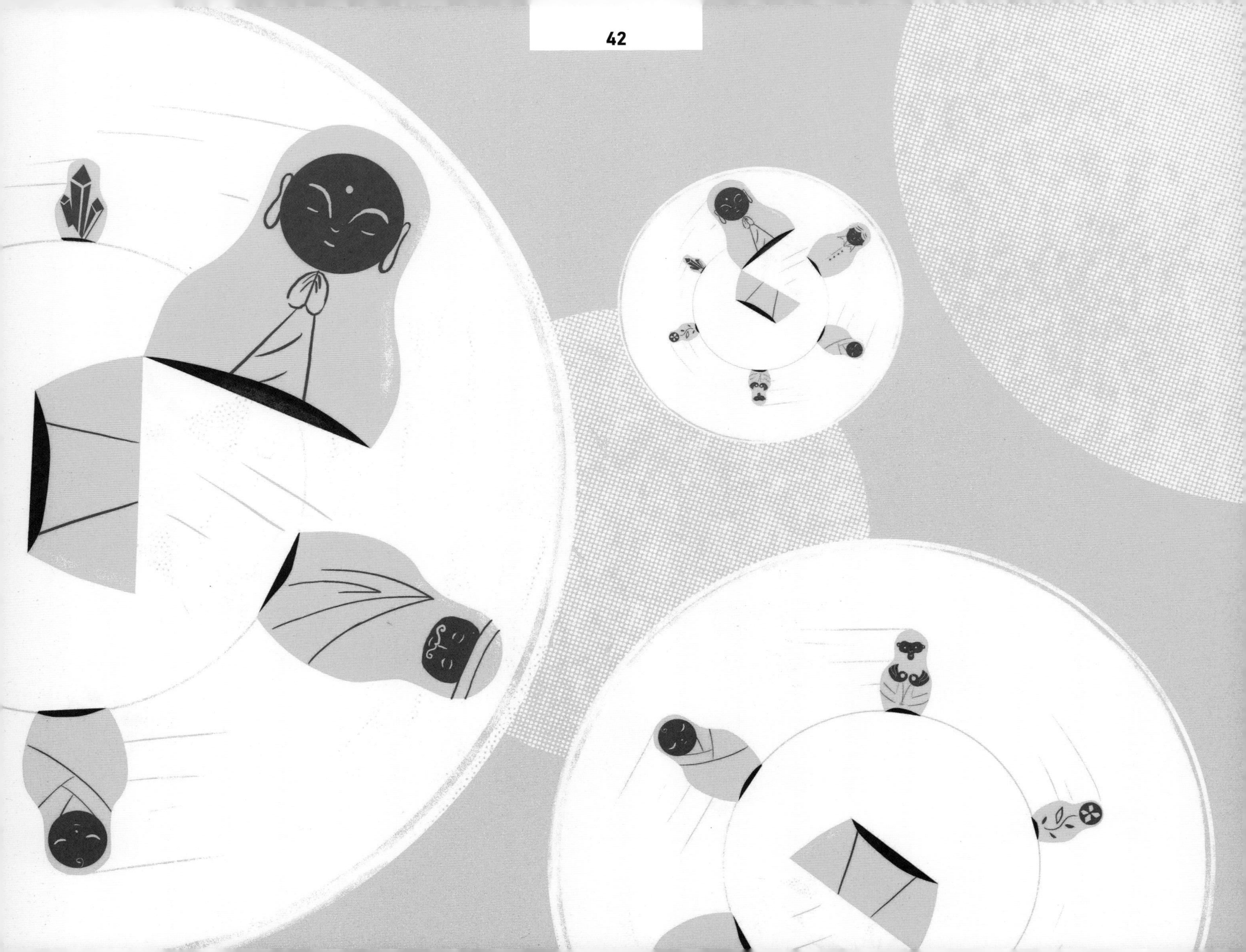

脱离轮回①？

对于佛教徒来说，死亡不是终结，死者的灵魂会离开身体，重新投胎转世，而人生来就是痛苦和不幸的，无论他是否健康、富有，所以要结束轮回。

该用哪种几何图形形容时间的流逝呢？绝大多数人估计会将其比作为**直线**。课本里的时间轴也都是这样表现的——将史前时期、古代、近现代、当代在一条直线上排列。

在古代东方，人们更常把时间想象为一个**圆环**。在他们看来，就像是日夜、季节的循环，时间像是一个一直在旋转、永不停息的轮子，所有存在过的都会在某日重新回来。

佛教于公元前5世纪在印度由佛祖释迦牟尼创立，之后在亚洲很多国家传播：中国、日本、泰国……对于佛教徒来说，肉身死后灵魂不灭，灵魂会飞走，在新生命身上投胎转世。轮转不息，新的故事开始了！

我们会**转世**成什么样？这要视你上辈子的情况而定。如果你不杀生、不造孽、不偷盗、不说谎，总之，如果你善良纯洁，你的来世会过得更轻松。相反，如果前世过得放荡不节制，下辈子就可能会投胎为穷人、病人甚至动物。

灵魂跨越时间，从一个身体到另一个身体。为死亡而忧心的西方人可以在这里找到慰藉，但佛教徒并不这么想。他们认为，只有脱离轮回，才能免受痛苦和不幸。佛祖就是第一个做到这一点的。他的此生是圆满的，死后，他的灵魂没有转世，而是获得了**涅槃**②。

---

①轮回源自梵语，又作流转、轮转等，在佛教教义中指生命生死相续，轮转不已。

②涅槃源自梵语，旧译为灭度、寂灭、无为、解脱、安乐、不生不灭等，玄奘法师则将其译为“圆寂”。

死后是天堂？

对于基督徒来说，人的灵魂是永生的。去世后，有功德的信仰者的灵魂会去往天堂。那么，天堂是怎样的呢？

英语中“**天堂（Paradise）**”一词来自古波斯语“pari-daeza”，在古代指的是有围墙的果园。对于沙漠地区的游牧民族来说，幸福不过如此——一片绿洲，有果树，有水源。因此《圣经·创世纪》中，亚当和夏娃所居住的人间乐园伊甸园被描绘为美妙的果园，也就不足为奇了。

在基督徒的信仰中，死者一旦去世就会遭受审判。根据其生前的所作所为，拥有美德的灵魂升入**天堂**。天堂并不是像亚当与夏娃所居住的伊甸园那样的具体地点，而是一种灵魂在上帝身边、处于无限幸福与安宁的状态。

地狱是给那些罪恶深重的人准备的，地狱同样不是具体地点，那里也没有扎人屁股的小鬼！对于基督徒来说，罪人之所以在地狱中备受折磨，是因为那里没有上帝。

而在天主教徒看来，犯了小罪、悔改不够的人会进入中间状态——**炼狱**，他们的灵魂会在那里得到净化，之后升入天堂。

然而故事并没有在此结束。对于基督徒来说，所有自亚当以来的人类都会在时间的尽头重回地球，这个时刻由上帝决定。那时会有活人也会有死者，死者的灵魂从天堂或地狱返回曾经的躯体中，所有人来到耶稣面前接受**最后的审判**。耶稣的审判会区分两类人：善良的人获得永生，前往没有痛苦和罪恶的新世界；坏人则重返地狱。

犹太人和穆斯林呢？

犹太教、基督教和伊斯兰教具有亲缘性，教义都有创世、大洪水、亚当、夏娃、诺亚、亚伯拉罕、大天使加百列这些元素……对于犹太人来说，善者的灵魂聚集在伊甸园中。穆斯林则会去一个有流着奶和蜜的河流的乐园。

追求永生的主角们

寻求长生不老和永葆青春是个吸引人的话题，许多作家都在作品中探讨过这一主题。

成书于公元前2000多年的《**吉尔伽美什史诗**》是已知最古老的文学作品之一。吉尔伽美什是神话中古代美索不达米亚地区乌鲁克城的统治者。他的城邦繁荣昌盛，而吉尔伽美什本人却脾气残暴，施行暴政。

在失去了挚友之后，他想找到**永生**的办法，于是去寻求智者乌塔-纳匹西丁姆的帮助。这位智者在大洪水中幸免于难，被认为是长生不老者。

经历了重重考验后，吉尔伽美什终于见到了智者，智者告诉他**永生之草生长在海底**。吉尔伽美什成功地获得了仙草。归途中，他在河里泡澡放松，仙草却被一条蛇偷走了！

吉尔伽美什一无所获了吗？并非如此，经历的艰难险阻让他变得更**智慧**了。他接受了自己必将死亡的事实，回到乌鲁克，从此以后用仁慈和公正治理城邦。

《道林 · 格雷的画像》是爱尔兰作家奥斯卡 · 王尔德于1890年创作的小说，讲述了年轻俊美的少年道林 · 格雷的奇幻故事。

在画家朋友给他画像之后，道林 · 格雷欣赏着画，思考着这件不公平的事：画布上的人可以**永葆青春**，但自己却不行。于是道林 · 格雷许了个愿："我要献出灵魂，让画像替我老去！"

几天后，道林 · 格雷以粗暴的方式抛弃了未婚妻。回到家后，他惊讶地发现画像有了**细微的变化**：残忍的表情出现在画像上。愿望实现了？

的确如此，在之后的几十年，道林 · 格雷**一直保持年轻**，但画像却变得越来越丑，记录了他的罪恶和缓慢衰老。

最后在他决定改变态度，强迫自己做好事时，画像甚至显得虚伪起来。绝望的道林 · 格雷用匕首刺向画像。不久之后，佣人们发现画像边上躺着一个死去的**老人**，而画布上则是个重拾美貌与纯真的年轻人。

依靠作品不朽

像生物一样，艺术作品也会诞生、活着、死去。极少一部分作品会流传后世，使它们的作者不朽。

一个作品的生命会让我们想到人的生命。一开始是孕育，也就是构思——一个想法在艺术家的头脑里萌芽，之后发展至成型。有时候，这个想法不是足够好，艺术家会将其抛弃，这个作品也就永远无法诞生了。

艺术家完成创作后，将作品展示给公众。这便是作品的正式诞生日期——电影在影院上映，唱片和书籍在商店中出售……它们于是脱离了创作者，开始了自己的生命。除了大地艺术[1]之类天性“短命”的作品外，其他大多数作品都以流传后世为目的。然而，不幸的是，过了几周、几个月、几年或者几个世纪后，一些作品终会**走向消亡**——当书再也卖不出去了，电影再也不放映了，画也不再有人喜欢了，这些作品就会被遗忘，然后消失，取而代之的是更新的作品。

①大地艺术：又称“地景艺术”“土方工程”，是指艺术家以大自然作为创作媒体，把艺术与大自然进行有机结合所创作出的一种视觉化艺术形式。

有时，还会有小的奇迹发生：时光流逝，依然有一些作品会让人喜欢，引人思考，触动人心。巴赫的音乐、荷马的《奥德赛》、卓别林的电影、兰波的诗、达·芬奇的画、卡米耶·克洛岱尔①的雕塑、高迪②的建筑，这些都不会老去！这些超越时间的作品似乎是**不朽**的。

①卡米耶·克洛岱尔，法国最优秀的女雕塑家之一，法国雕塑大师奥古斯特·罗丹的学生。

②安东尼奥·高迪，西班牙建筑师，塑性建筑流派的代表人物。

创作这些作品的艺术家们也在某种程度上获得了**永生**：他们的艺术作品使他们继续生活在我们中间。他们没有完全死去，因为即使与我们相隔几个世纪，他们依然可以通过作品，继续和我们交谈，我们依旧能聆听到他们的声音。

艾罗斯特拉特事件

古希腊以弗所城的阿尔忒弥斯神殿曾被视为世界上的七大奇迹之一。公元前356年7月21日，希腊人艾罗斯特拉特放火将神庙完全烧毁。在酷刑之下，他承认了自己的犯罪动机——为了出名。为了不让他得逞，法官判他死刑，并拒绝宣布他的名字。然而还是功亏一篑！今天，艾罗斯特拉特比神殿的建筑师出名。有时候，做坏事确实也会让人“遗臭万年”。

长生不老药

自古以来，人类都在寻找延缓衰老和死亡的途径。中世纪，炼金术师就尝试着在“实验室”中研制出长生不老药。

炼金术是一门神秘学识，其目标是通过精神或秘传方式，寻找能够转化包括生命在内的一切物质的普遍方法。没有完全听明白？这很正常。即使是对于专家来说，炼金术也并不容易定义。它糅合了哲学、宗教学和材料科学，曾经是一门秘术，只有被接纳入教的人才可以练习。炼金术曾在中国、印度、波斯和阿拉伯国家被探索实践，到了中世纪才传入欧洲。

炼金术士在实验室中对各类材料进行加工，其目的是得到**魔法石**（哲人石），或是其液态形式的**万灵药**。这两种物质都被视为具有极大能量。魔法石可以转变金属，比如普通的铅金属可以被变为金子或银子！万灵药则可以转变生物，比如使老人变成一个永葆青春的年轻人。

传说14世纪末，巴黎的抄写员**尼古拉·勒梅**也拥有炼金术士的本领，他发现了长生不老药。他和妻子佩雷内尔一起喝下了长生不老药。四个世纪以后，有人在土耳其看到了这对精神健旺的夫妇！事实上，尼古拉和佩雷内尔分别于1397和1418年在巴黎逝世。长生不老药只是个甜蜜的梦……

青春之泉

炼金术士不是唯一对永葆青春充满热情的人，一些旅行家同样如此。传说青春之泉（不老泉）是个神奇的水源，可以让那些喝了泉水的人恢复青春。

古时候，亚历山大大帝在印度寻找青春之泉。到了中世纪，人们相信这口泉水位于传说中祭司王约翰[1]统治的东方国度。在《马可·波罗游记》中，也有关于青春之泉的记载。16世纪，探险家胡安·庞塞·德莱昂用了很长时间在美国佛罗里达州寻找青春之泉，当然，他并没有成功……

---

①祭司王约翰，流传于欧洲中世纪多部虚构作品中的人物，据说他身兼国王和教皇二职，所统治的东方国度被认为是充满奇迹与财宝的人间乐园。

靠猴子恢复年轻

二十世纪20年代，沃罗诺夫医生尝试给年老男性移植猴子和黑猩猩的睾丸以帮助他们重获青春。而这个办法似乎真的有效！

“人们总说要服老，每个年龄都有相应的特权，但衰老又留给了我们哪些可怜的特权？让我们看着年轻人们欢蹦乱跳？我们无法避免死亡，但我们可以将它延迟。移植手术将使我们免于衰老，并赋予我们**死时依旧年轻的快乐！**”

说出这段话的**沃罗诺夫**是一名俄裔法国外科医生。在20世纪初，生物学家发现了激素的存在。激素由腺体产生，是身体运转必不可少的物质。沃罗诺夫对绵羊和山羊进行了各种移植试验，根据他的观察，将这些年轻雄性动物的睾丸移植到年长的雄性动物身上可以赋予后者生命活力。这对于人类也适用吗？

沃罗诺夫申请从一名死因身上取出睾丸，但被拒绝了。因此，他转向我们的近亲——猴子，因为它们没有办法拒绝。1920年6月，他在一名志愿者的阴囊下植入了一条薄薄的**黑猩猩睾丸**切片。

“你衰老了吗？你厌倦了大肚子和秃顶了吗？你害怕衰弱和失忆吗？一个**小小的移植手术**，就能让你找回你的青春！”一位63岁的实业家作证说：“自手术以来，我容光焕发。我瘦了13公斤！我现在身体的活力就跟25岁人一样，毫不疲惫！”

老顾客们的口碑以及同一男性术前术后的照片（显然经过了修改）使得沃罗诺夫医生的诊所在20年间门庭若市。商人、著名演员和作家，甚至中东王子，都纷纷前来碰运气。

沃罗诺夫真的找到了抵抗衰老的灵丹妙药吗？在当时，他对此深信不疑。而如今，我们知道他的疗法不仅无效，甚至有致命的危险。那患者状况的改善又是怎么回事？事实上，这些患者通常因衰老而精神抑郁，而移植手术让他们觉得自己变年轻了，因为对此深信不疑，他们的状态也有所改观。所以，起作用的其实不是医学奇迹，而是一种自我暗示。

明天，
万物永生？

有谁不想长生不老？哪怕以后在蛋糕上插生日蜡烛时会遇到麻烦，也在所不惜。

——菲利普·格吕克（1954—，比利时漫画家）

衰老而后死亡，这是正常的自然现象。但鉴于没人喜欢这样，便有了各种尝试延缓衰老、对抗衰老所带来的疾病的科学研究。有些人认为，医学和技术可以让我们在不久之后活到150岁，甚至1 000岁。但是，活那么长时间，真的是一件好事吗？

衰老的开始

衰老的迹象在30岁时就会出现：皱纹、白发……这些可见却无害的迹象会降临在所有人身上。

头发：随着年龄的增长，头发会变白、变细，掉得更快，甚至会出现秃顶（常见于男性）。这些变化会在什么年龄出现因人而异，在非洲人和亚洲人身上，表现相对没有那么明显。

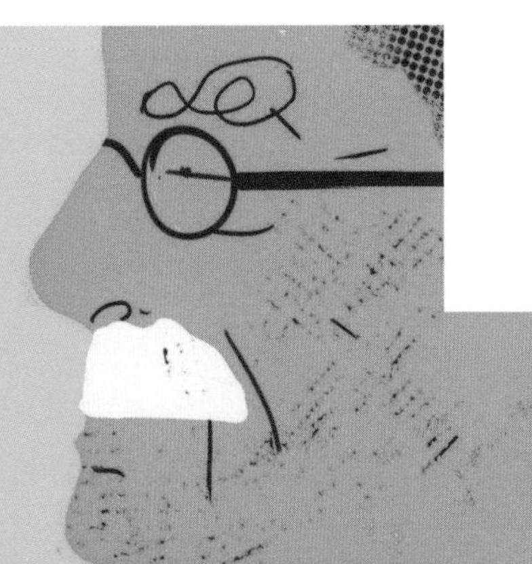

面部皱纹：30岁后，前额和眼周会出现第一批细纹。阳光下暴晒、睡眠不足、抽烟喝酒都会加速衰老，让皮肤更快地失去弹性。

皮肤：45~65岁，皮肤开始变薄。眼袋更为明显，嘴唇变薄，面部小幅度下垂，前臂的皮肤起皱变松。色斑也逐渐出现。

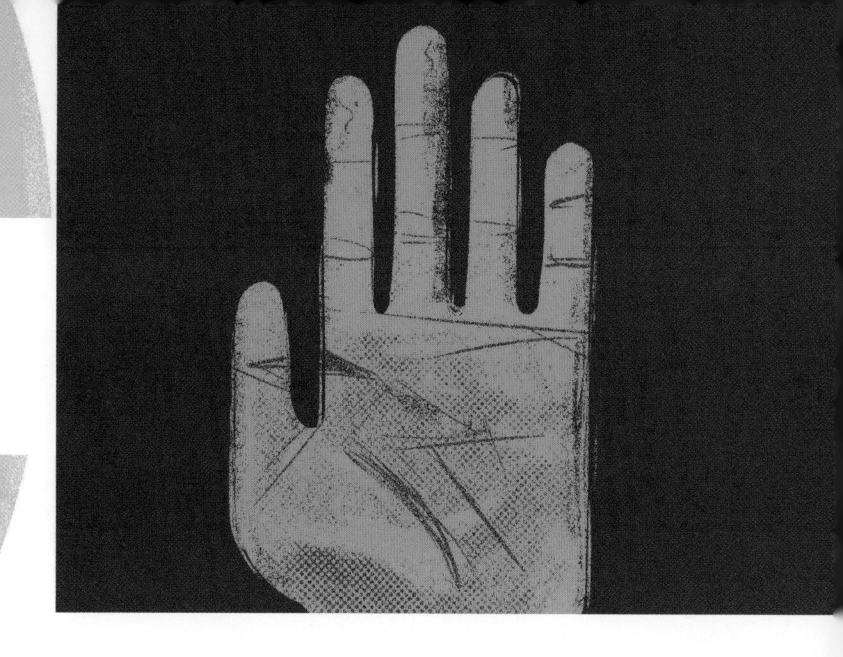

身体：65岁以后，脊柱缩短2~4厘米，肌肉组织减少15%。80岁之后，人的心脏机能几乎下降四分之一，肺活量下降一半。

衰老这个敌人！

看到自己变老是多么令人难以接受啊！

有些人深谙这一心理，搞出了各种“对症下药”的生意。有白头发？那就来点染发剂！开始秃顶？防脱发药水或植发手术！眼角出现皱纹？提拉护理，胶原眼霜，注射肉毒杆菌，甚至整容……缺乏活力？维生素A、C、E胶囊，DHEA激素①，褪黑素，生长激素，辅酶Q10。有了这些，可能会推迟死亡！但人终究难逃一死。

多少岁算老？

根据人口统计学者的判断，人从65岁开始变老。事实上，这个问题很主观。2014年的一项调查显示，10~17岁的人认为46岁就算老了；18~24岁的人认为56岁算老人；而50~65岁的人认为77岁才算老……

说一个人老的依据是什么？18%的年轻人认为是皱纹和白发；26%的年轻人认为退休就算老；22%的年轻人认为不认识电视里的流行歌手就算老！

---

①DHEA即脱氢表雄酮，有延缓衰老、增强机体免疫力等功能。

与衰老相关的疾病

比起皱纹和白发，一些与衰老相关的疾病要严重得多。尽管它们不会侵扰所有人，一旦患上，却有导致重度残疾甚至失去生命的风险。

阿尔茨海默病（老年痴呆症）：大脑缓慢、不可逆的退化，导致失忆，有时甚至使患者不再认得自己的孩子。

关节疾病：关节软骨受损（膝盖、髋部、手部……），导致骨骼之间相互摩擦，引发疼痛。

癌症：局部身体（皮肤、骨骼、肺部、胰腺、乳腺）细胞异常、失控增殖，可导致死亡。

心血管疾病：西方世界的头号杀手，心血管疾病使心脏和血液循环系统受损。在所有主要心血管疾病中，多发的有脑血栓、高血压以及心肌梗死。

内分泌疾病：身体部分腺体分泌激素向器官传递信息，糖尿病和甲亢等内分泌疾病就是激素分泌过剩或不足导致的。

骨质疏松：与衰老有关的自然现象，特别是缺钙使骨骼变脆弱，出现孔隙，让人更容易骨折。

帕金森病：大脑逐步退化，导致患者无法控制自己的动作，肢体不受控制地抖动。

老年性耳聋：由于耳朵老化而失去听觉。

视力下降：老花眼（眼球晶状体变硬）、白内障（晶状体变浑浊）、青光眼（视神经受损）俱会导致老年人视力下降。

健康地老去

对未来担忧？放心吧！首先，一些可能致命的疾病已经可以得到医治，比如早期癌症。其次，通过健康的生活方式和药物治疗，即使得了一些无法治愈的疾病，例如糖尿病，我们依旧可以继续活很久。也不是所有人都会患上阿尔茨海默病或者帕金森病！最后，医学正在飞速发展，一些在今天会致命的疾病，20年、50年之后或许就可以被治愈了。

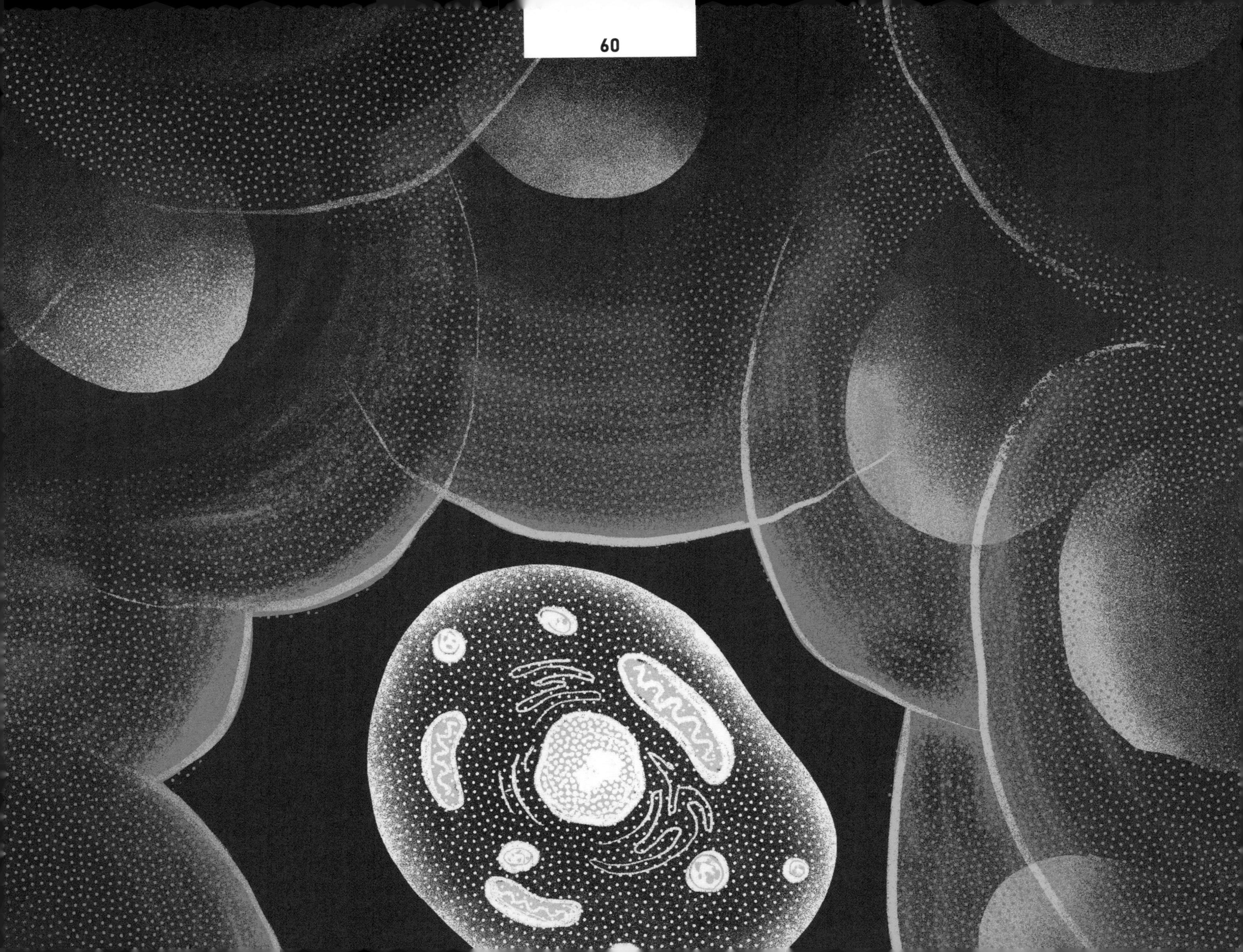

衰老的原因

要想弄明白身体为什么会随着年龄增长而变化和衰老，那就需要用显微镜来观察一下。欢迎来到细胞的世界！

细胞是构成除病毒外所有生物的基本单位。细胞中执行必要的功能活动的器官是细胞器，它们被包裹在细胞膜之中。

- **细胞核**：里面含有DNA，DNA里包含着生物的所有遗传信息。
- **线粒体**：将脂肪、糖类、氧气转化为能量的“动力车间”。
- **溶酶体**：细胞的“垃圾桶”，用于消化细胞中无用的成分。
- **高尔基体**：对蛋白质、脂类进行储存和转化，是细胞活动必不可少的部分。

人体约有**两百多种不同的细胞**：皮肤细胞、骨细胞、肝细胞、心肌细胞、血细胞（红细胞等）、脑细胞（神经元）、肌肉细胞……同类细胞聚集在一起，构成组织。

细胞会**死亡**，甚至可以说是注定要死亡的。它们的生存期限与其隶属器官有关：皮肤细胞有2周的生命；骨细胞生命周期为10年；肠道内壁细胞存活不到5天；脑细胞的年龄和我们各自的年龄相等。每天，我们的身体中都会有成百上千亿的细胞死亡。

好在细胞可以增殖：新细胞出生，更替死去的细胞。有丝分裂可以让一个细胞变为**两个相同的细胞**。

不幸的是，细胞的更新能力会随着年龄的增长而减弱，这主要是因为DNA退化以及线粒体丧失效能。细胞数量减少，老化的机体不足以有效应对侵害。这便是**衰老**。

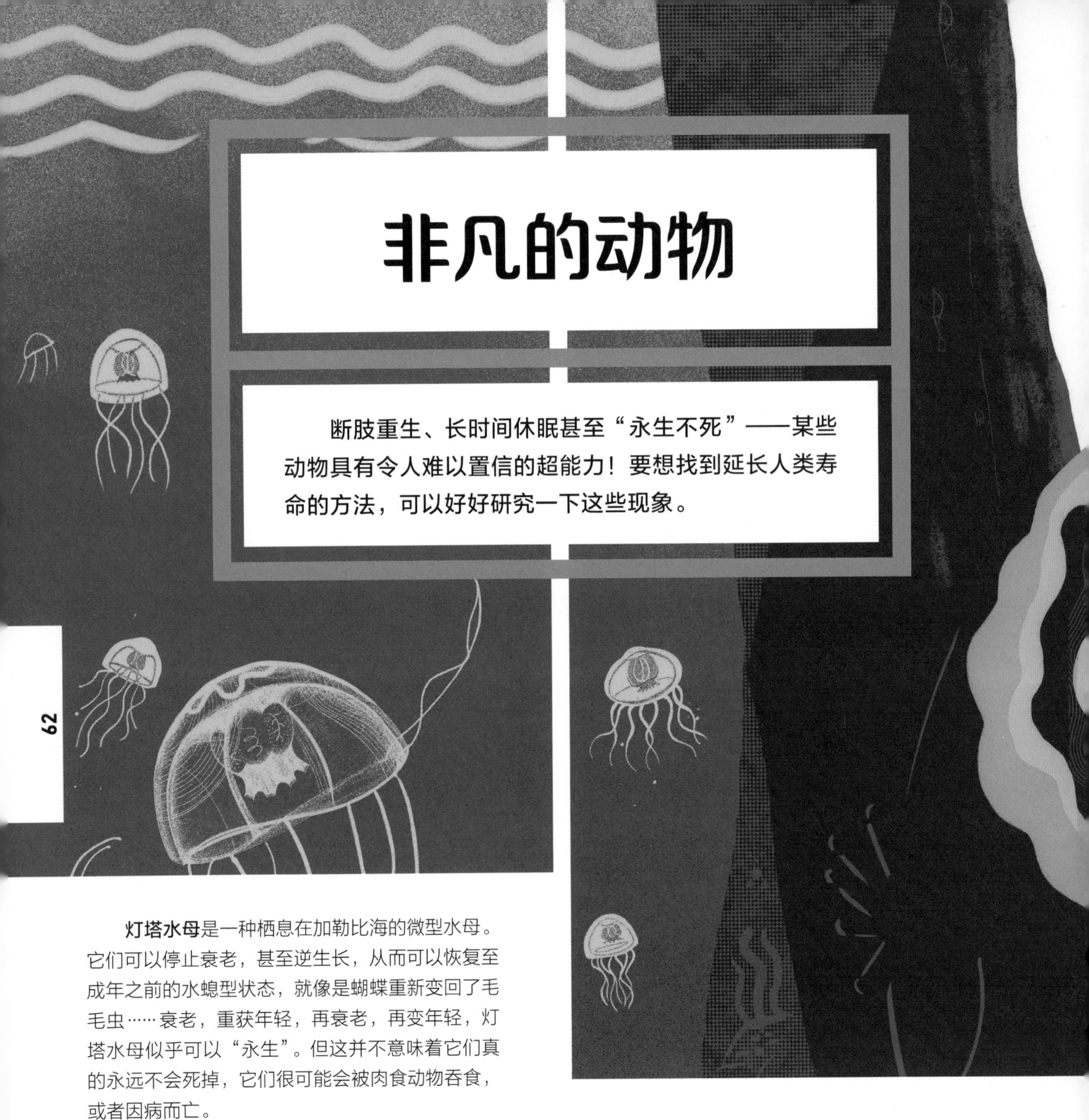

非凡的动物

断肢重生、长时间休眠甚至“永生不死”——某些动物具有令人难以置信的超能力！要想找到延长人类寿命的方法，可以好好研究一下这些现象。

灯塔水母是一种栖息在加勒比海的微型水母。它们可以停止衰老，甚至逆生长，从而可以恢复至成年之前的水螅型状态，就像是蝴蝶重新变回了毛毛虫……衰老，重获年轻，再衰老，再变年轻，灯塔水母似乎可以“永生”。但这并不意味着它们真的永远不会死掉，它们很可能会被肉食动物吞食，或者因病而亡。

和蜥蜴一样，**蝾螈**的尾巴断了以后也可以长出来新的。它们还有更厉害的一招儿：可以再生口鼻、腿足、眼睛。它们的细胞是如何做到这一点的？科学家正试图揭开这个谜底，或许有一天可以用在人类身上。

缓步动物（水熊虫）只有约1毫米长，看起来像是个长着爪子的短腿小怪兽，但它们其实是“X战警”！在必要的时候，它们几乎可以完全脱水休眠：能够抵御-200℃~150℃的极端温度、X射线、紫外线、高压甚至太空真空环境……环境重新变好时，它们会重新水化[1]，活过来。缓步动物的正常寿命是30个月，但它们可以通过这种休眠的方式多活几年。

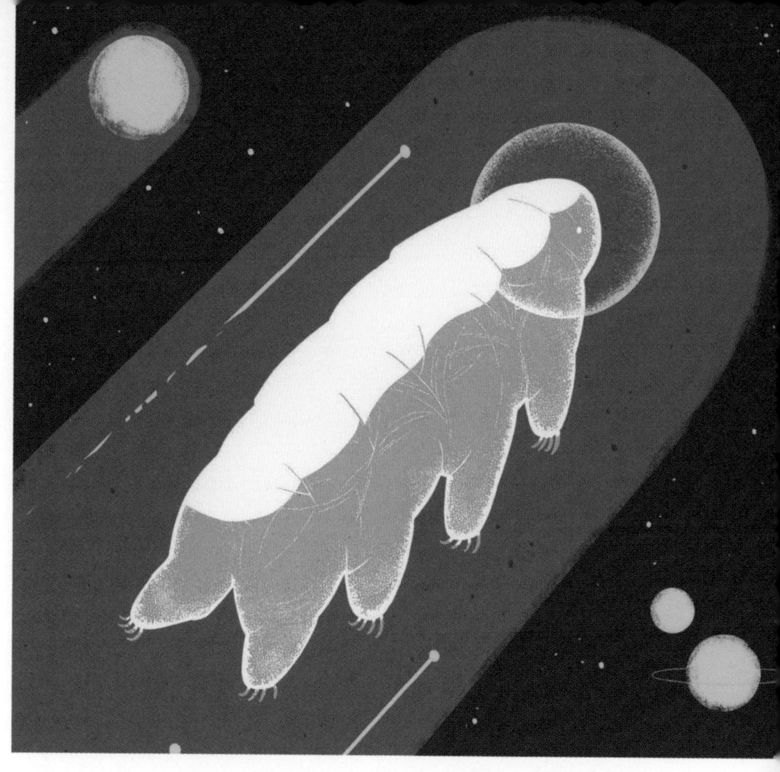

①机体细胞重新吸收水分的过程。

裸鼹鼠长得像老鼠，同鼹鼠一样住在地下，几乎通体无毛。它们之所以进入生物学家的视线中，不是因为其难看的外表，而是因为其寿命很长——通常可以活30年，是其他啮齿类动物寿命的10倍。年龄的增长不会改变它们的外貌，它们至死都可以保持活力和生殖力，不怕疼痛，不会得癌症，也不会患上心脏疾病或阿尔茨海默病。总之，它们一辈子都保持年轻。那它们是因为什么死的？科学家还不知道答案。总之某一天，裸鼹鼠自然而然就结束了生命，就像是机器停止了工作。

百岁老人生活的“蓝色地带”

世界上有五个地方拥有比例较高的百岁老人。研究者们将这些地方称为“蓝色地带”，并试图解开其中的奥秘。

2000年始，人口统计学家吉安尼·佩斯和米歇尔·普尚对**意大利撒丁岛努奥罗省**的偏僻山区展开研究，那里有好几座村子中的百岁老人比例比岛上其他地区高出3～5倍。他们用蓝色记号笔在地图上圈出了由14座村落构成的地区。地球上的另外四个“**蓝色地带**”随后被确认，并因为美国作家丹·比特纳的作品《蓝色地带》而广为人知。

想要活更久就要生活在一起！百岁老人们通常性格更加乐观，放眼未来，喜欢交流。蓝色地带之一的**美国加利福尼亚州**的**洛马林达**有9 000名基督复临安息日会教徒。在这样一个新教徒社区中，家庭、友谊和社交联系非常紧密，那里人的平均寿命比其他美国人高出10年。在那里，互助是一项教义。

所有的蓝色地带都阳光明媚，**希腊的伊卡利亚岛**远离大城市的污染和压力，如世外桃源一般。**健康平静的生活**、同大自然接触、很少抽烟，这些也都是长寿的秘诀吧？在伊卡利亚，还有一件不寻常的事——百岁老人中，男性的数量和女性持平。

五个蓝色地带的一个共同点还在**饮食习惯**方面，即不吃肉或者吃很少的肉，吃大量的蔬菜和水果。在**日本的冲绳群岛**，居民吃米饭、豆类、藻类、鱼肉……更重要的是，他们只吃八分饱，离开餐桌时还会有一点点饥饿感。

蓝色地带的百岁老人们经常进行**身体锻炼**，在**哥斯达黎加的尼科亚半岛**，老人们会从事园艺、在树林里散步、骑自行车或者照顾动物……这类活动看起来强度不大，但每天坚持可以维持肌肉的张力。

长寿基因

在一些家族中，祖父母、父母、孩子几乎都能获得长寿。长寿可以遗传吗？如果可以，又与哪些基因相关呢？

遗传方面：为了知道长寿是否与基因有关，科学家做了若干研究，其中之一就是统计分析珍妮·卡尔芒55个后代去世时的年龄。珍妮·卡尔芒在1997年去世，活了122岁。另一项研究是比较同卵双胞胎（两者基因遗传特征完全相同）的去世年龄，以及异卵双胞胎（两者基因存在不同）的去世年龄。

结论：如果我们的祖先寿命很长，我们长寿的几率也会增加。

好的基因：简单回顾下生物学知识，我们身体的每个细胞中都有DNA链条，它们可被分成一个个小的片段，带有遗传信息的DNA片段称为基因。我们的22 000个基因可以决定眼睛和头发的颜色、脸形特征等。我们的基因一半来自母亲，一半来自父亲。如果长寿也是可以遗传的，是否说明有长寿基因的存在？这些基因是否可以代代相传？迄今为止，这种基因还没有被人类证明确实存在。不过，生物学家已经发现一些基因可以保护人体对抗肥胖、胆固醇、癌症或阿尔茨海默病的侵扰。拥有这些基因的人，罹患衰老相关疾病而死亡的概率更小，也拥有更大的长寿概率。

其他因素：基因不能决定一切，我们生存的环境也同样重要。饮食、体育锻炼、生活压力、环境污染……这些都是影响人长寿的重要因素。最后，还有一个要被考虑到的因素——运气。有些运气好的人没病没灾地活到了一百岁；而有些人则没有那么好的运气。

老鼠的长寿基因

生物学家可以通过修改实验室中老鼠的某些基因，使它们多活2～3年。这可以为延长人类的寿命提供线索吗？或许，但还有很多工作要做——被改变了基因的老鼠比正常老鼠个头儿小了一半，而且还不育。万事难两全啊！

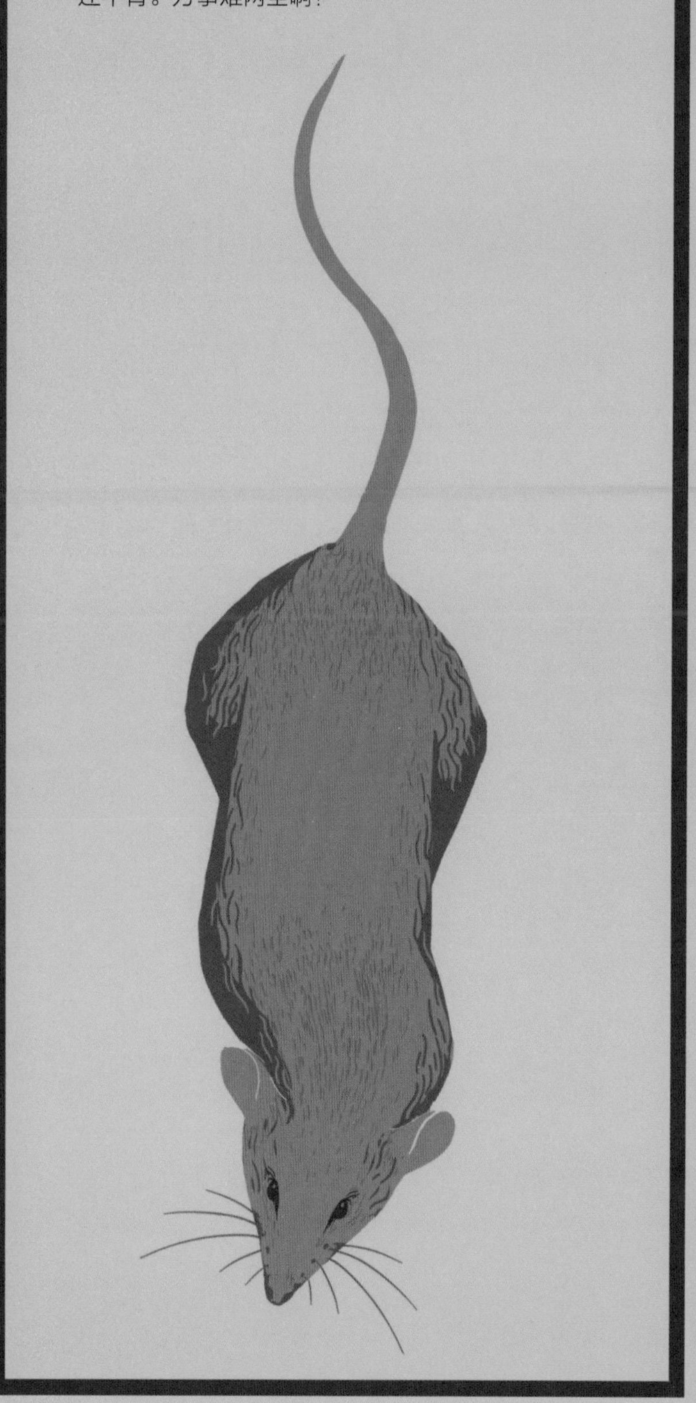

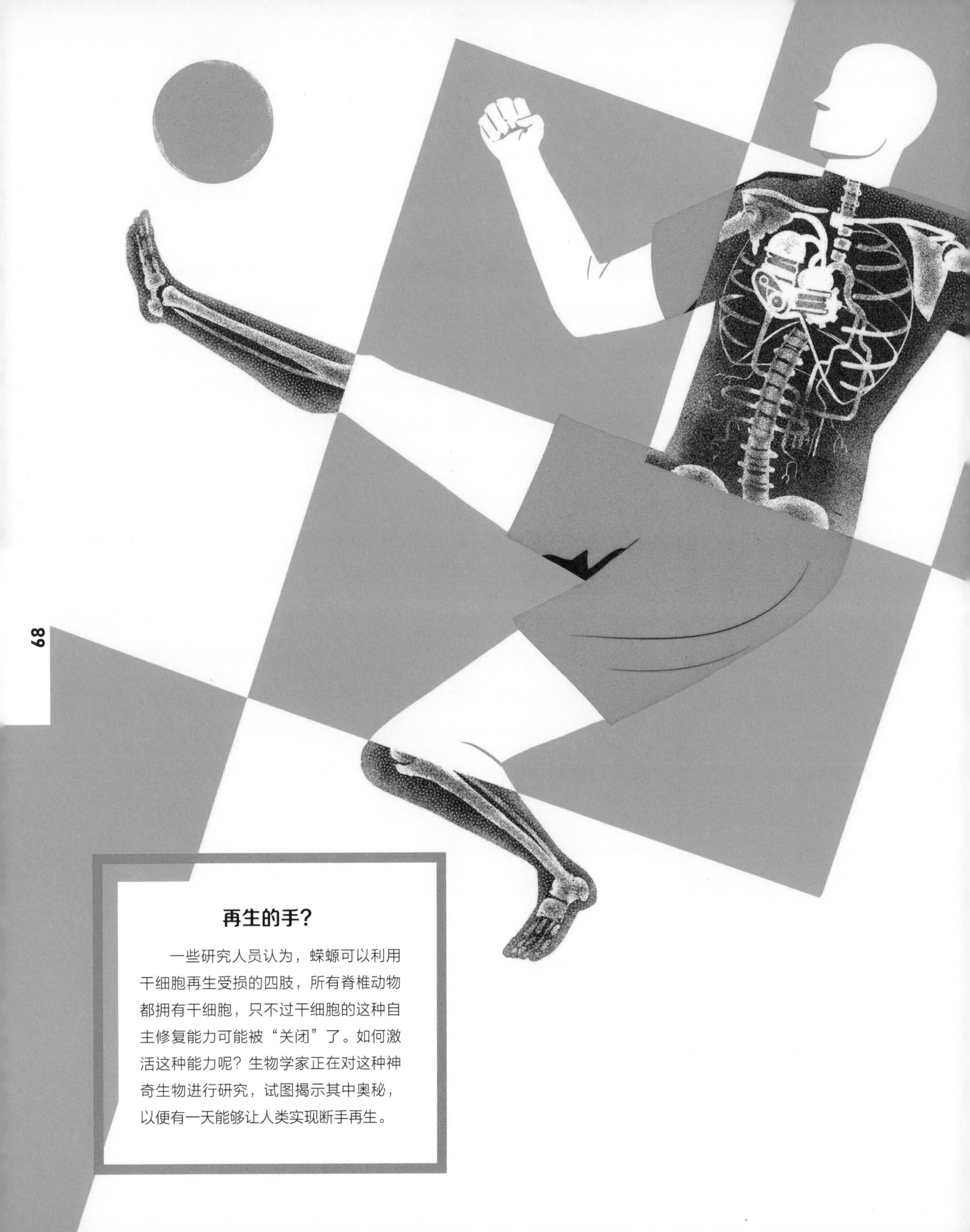

再生的手？

一些研究人员认为，蝾螈可以利用干细胞再生受损的四肢，所有脊椎动物都拥有干细胞，只不过干细胞的这种自主修复能力可能被“关闭”了。如何激活这种能力呢？生物学家正在对这种神奇生物进行研究，试图揭示其中奥秘，以便有一天能够让人类实现断手再生。

器官再生

受损的手或者肝脏能否自我再生，就像蝾螈重新长出断腿一样？生物学家试图借助干细胞实现这个梦想。

干细胞没有特定的功能，它既不是皮肤细胞，也不是骨细胞或肝细胞……但它却拥有神奇的能力——在需要时，干细胞可以转化为皮肤细胞、骨细胞或肝细胞……

这些细胞对**胎儿**的发育至关重要。受孕后，胚胎只由干细胞构成，它们增殖、分化，生成身体的所有细胞。

对于**成年人**来说，干细胞存在于所有器官中。受伤时，它们会发生转化，帮助伤口愈合。可惜的是，随着年龄的增加，它们变得越来越少，也使得器官对损伤更为敏感。

为了帮助老年人健康地老去，研究人员想到给他们**注射干细胞**。可是从哪里提取干细胞？或许可以从在试管里培养了几天的胚胎中提取，但这样就会使胚胎受损。我们有权利这么做吗？此外，将干细胞移植到另外一个人身上还可能导致排斥反应。

2012年，日本生物学家山中伸弥凭借他的特别发现获得了诺贝尔医学奖。他提取成年人的皮肤细胞，在实验室里对它们进行**重组**，将它们变成干细胞。在这些细胞增殖后，他将它们重新注入病人体内（之前的皮肤细胞来自同一个人）。这样就不涉及胚胎伦理困境或排斥问题了。这是一个能使人重返青春的方法吗？

仿生人

继心脏起搏器和人造髋关节之后，未来人们将会用机器和智能假体代替受损的器官。

用**假体**替换缺失或损坏的器官早已不是什么新鲜事了。最古老的假体可以追溯到3 000年前，古埃及人发明了做工精细、符合人体工程学的木制大脚趾。不过，自20世纪50年代以来，一场革命悄然而起：随着外科学、技术、新材料和电子技术的进步，膝盖和髋关节假体减轻了老年人的负担，心脏起搏器帮助心脏病患者正常生活，人工耳蜗植入则让一些失聪者听到了声音。这只是一个开始！科学家尝试直接在神经元上植入电子芯片，人类得以通过思考给机械下指令。

仿生眼：在盲人的眼睛视网膜下植入微芯片。芯片从安在眼镜上的摄像机接收图像，然后靠视神经将这些信息传递给大脑。

智能手臂和智能腿：这是真正的关节形机械化机器人，将替代被截肢体。被截肢者借助大脑里植入的电极，依靠想法控制运动，也可以通过残肢中的神经控制运动。

人工心脏、胰脏、肾脏：机械被制造得越来越小，性能却越来越卓越。用机械替换有缺陷的心脏、胰脏或肾脏，这方面的研究日益深入，以期提高病人的生活质量和预期寿命。

超人类主义：给死亡判死刑！

死亡是人类的必然归宿吗？

超人类主义者会这样回答：不！我们必须运用所有技术，让死亡消失！

人类会衰老、生病直至死亡，总是这样。但是，**超人类主义**（20世纪80年代兴起的思潮）的支持者认为，死亡不是人类的宿命。依靠科学和技术，有可能创造出改良人类，他们会拥有更强壮的身体和大脑，寿命也会更长，甚至是无限的。多位硅谷大佬都是坚定的超人类主义者，他们已经在一些“杀死死亡”的项目中投入了大量的金钱。

谷歌的创始人**谢尔盖·布林**和**拉里·佩奇**在2013年创建了Calico（加州生命科学公司），公司的目标是发展科技，提高寿命，发展著名的NBIC会聚技术（见右框）。他们还聘请了人工智能专家和超人类主义理论家雷蒙德·库尔茨韦尔。

Paypal（贝宝支付）的联合创始人**彼得·蒂尔**是玛土撒拉基金会的投资者。该基金会由来自英国的科学家奥布里·德·格雷成立，致力于研究人体细胞恢复年轻的技术。

甲骨文软件公司联合创始人**拉里·埃里森**的医学基金会获得了超过4.3亿美元的资助，用于支持与老年疾病有关的研究计划。

Facebook（脸书）创始人**马克·扎克伯格**宣称为自家基金会投资30亿美元。他的目标是根除心脏疾病、大脑疾病和癌症。

“将活到1 000岁的人**已经出生了**”，超人类主义者喜欢重复这句话。这是真的吗？可能要到1 000年后才能见分晓了。

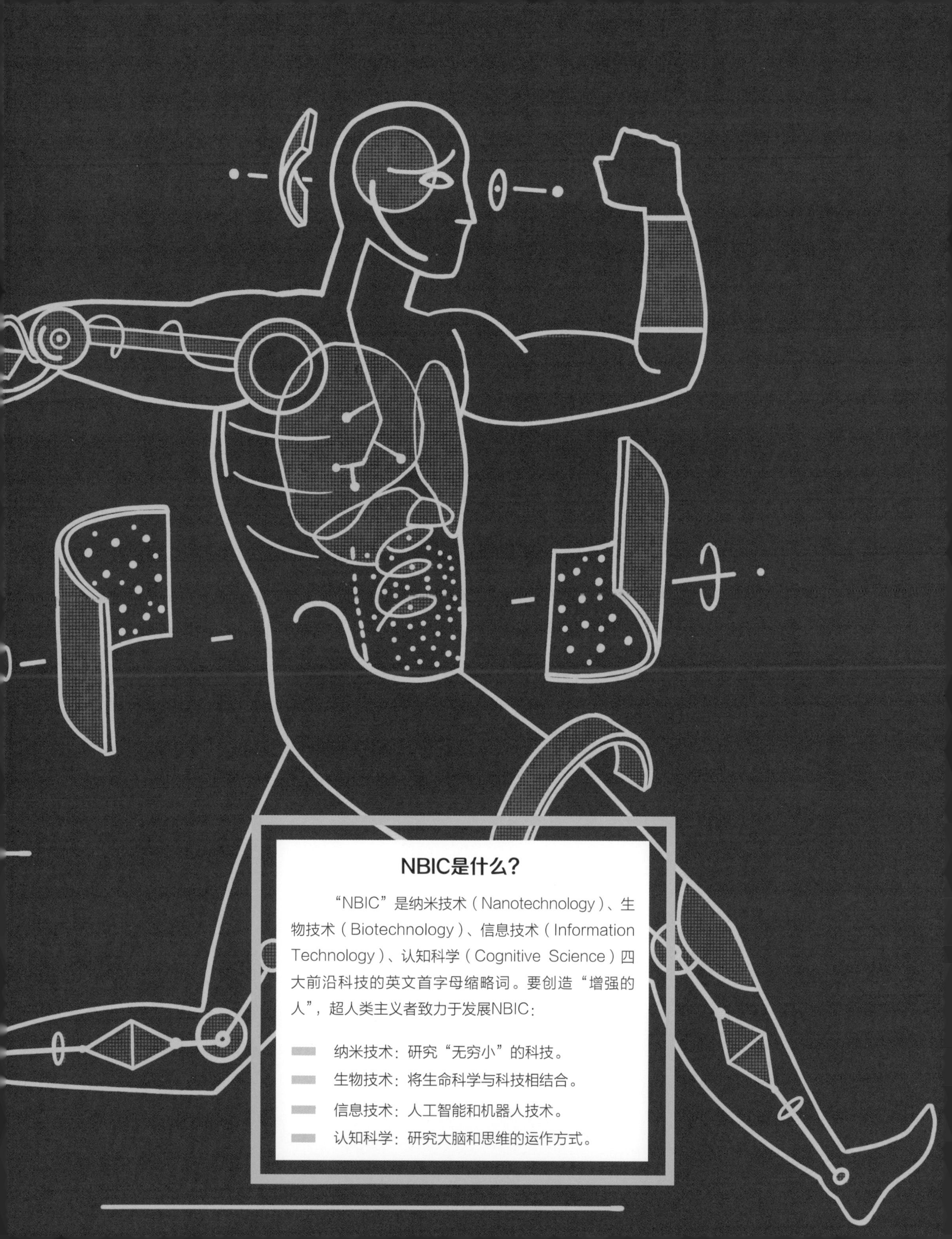

NBIC是什么？

“NBIC”是纳米技术（Nanotechnology）、生物技术（Biotechnology）、信息技术（Information Technology）、认知科学（Cognitive Science）四大前沿科技的英文首字母缩略词。要创造“增强的人”，超人类主义者致力于发展NBIC：

- 纳米技术：研究“无穷小”的科技。
- 生物技术：将生命科学与科技相结合。
- 信息技术：人工智能和机器人技术。
- 认知科学：研究大脑和思维的运作方式。

多功能纳米机器人

有朝一日，为了我们的身体健康，微型机器人可能会进入我们的血液循环系统。那么，穿越到未来看一下吧！

纳米技术的目标是设计纳米尺寸的产品，也就是一根头发的1/5 000的尺寸！这些技术似乎前景十分光明，在血管中旅行的**纳米机器人**可能在未来几十年为医学带来革命性的发展。

疾病探测器：在血液中循环的纳米机器人与仪器相连，可以持续测量体温或血糖水平，检测体内微生物状况，在健康出现问题之前起到防范作用。

血管清洁工：如果血管壁上有油脂或者血块附着，血管就会被堵塞。纳米机器人可以清理血管，避免心肌梗死和脑血栓等意外发生。

药物运输机：对病变器官有用的药物可能会对身体其他部分有害，纳米机器人可以把正确剂量的药物运送到病变处，从而提升药效并减少副作用。

抗癌卫士：纳米机器人可以攻击癌细胞，例如，通过阻止它们从血液中获得营养，使生病的细胞最终因为饥饿或窒息而死，健康的细胞得以幸免于难。

外科医生的工具：纳米机器人可配备一枚可伸缩针，帮助外科医生在一般工具难以触及的区域作业，例如在眼睛里面。

备用神经元：纳米机器人可以取代老化的大脑神经元，这将使脑容量随着年龄增长而萎缩的情况得到改善。

意识下载

“2045永生计划”的疯狂目标：将人脑内容下载至计算机，使意识在肉体死后继续存活。

这究竟是一个俄罗斯传媒业亿万富翁的怪诞梦想，还是一个有远见的项目？抑或仅仅是一则博眼球的广告？不管怎样，听到德米特里 · 伊茨科夫关于**2045永生计划**的设想，任何人都不会无动于衷！

计划的初衷很简单——既然肉体是早晚要消失的，那让我们试着做一个**意识的备份**。怎么做呢？开发信息系统并上传人脑内容——记忆、性格……这样的话，一个人即使去世后，他的意识也将继续存在于计算机里，通过机器人就可以与外界互动。

为了实现目标，伊茨科夫召集了机器人技术、计算机科学和脑科学等领域的研究者，还制订了**雄心勃勃的规划**：在2020年创造一个可由意识控制的机器人；2025年将一个临死之人的大脑移植到机器人上；2035年将一个临死之人的大脑内容转移到操控机器人的计算机上；2045年以全息影像的形式创造具有逝者特征的机器人替身。

大脑的复杂性可以复制进计算机里吗？人的意识可以在那里存活吗？可以肯定的是，德米特里·伊茨科夫对此深信不疑。为了大脑能在下载那天处于最佳状态，他不吸烟、不喝酒、练瑜伽……他想要**把健康的意识下载到健康的机器人中！**

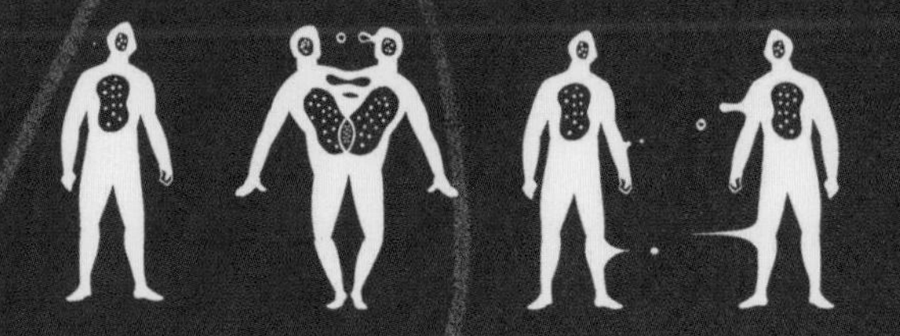

靠克隆永生？

就像人们克隆山羊那样（见第35页），克隆人类在技术上是可实现的。人和他的克隆人看起来像是真正的双胞胎，只不过年龄上会有几年或几十年的差别。但两个人的经历又是完全不同的，不会拥有同样的过去和相同的回忆，因此他们的性格也会不同。不必期望在克隆人身上继续存活，你的克隆人不是你，是另一个人。

为未来冷冻

永生只是一个梦想？那又有什么关系！一些人希望自己在去世后被冷冻起来，他们深信永生将成为现实，等待有一天科学将他们复活。

什么是人体冷冻技术？人体冷冻技术也叫低温活体保存技术，就是将人体冷冻，然后保存在极低温的环境中，直到科学发展到有能力让人体复活的那天。

有效吗？今天，冷冻技术已经应用于细胞了——精子、卵子和红细胞都可以在-196℃中无限期保存，以供未来使用。2004年，一个科学研究小组将兔肾冷冻，之后成功将其解冻并移植进动物体内。不过，对整只动物或人体冷冻，目前技术还无法将其复活。

有什么困难？冷冻很容易，我们经常这样处理四季豆。冷冻人体则更为复杂，因为我们的身体60%由水组成，冷冻时，水会冻结形成冰晶并损坏组织。自上世纪90年代以来，关于“玻璃化①冷冻”的研究相继展开——用“冷冻保护剂”置换体液。冷冻保护剂类似于自然界中青蛙抵御寒冷所用的“防冻液”。

人类曾被冷冻过？是的！在法国，冷冻尸体是非法的，但在美国不一样。一些美国公司冷冻了数百位死者，其中有著名的棒球运动员泰德·威廉姆斯，还有一名2016年死于癌症的14岁英国女孩，她希望科学有一天能让她复活并治愈她。

未来科学真能让冷冻人复活吗？因为缺氧、冷冻保护剂和寒冷造成的损害目前来看是不可逆转的。即使有一天恢复了生命，记忆和个性又会剩下什么呢？

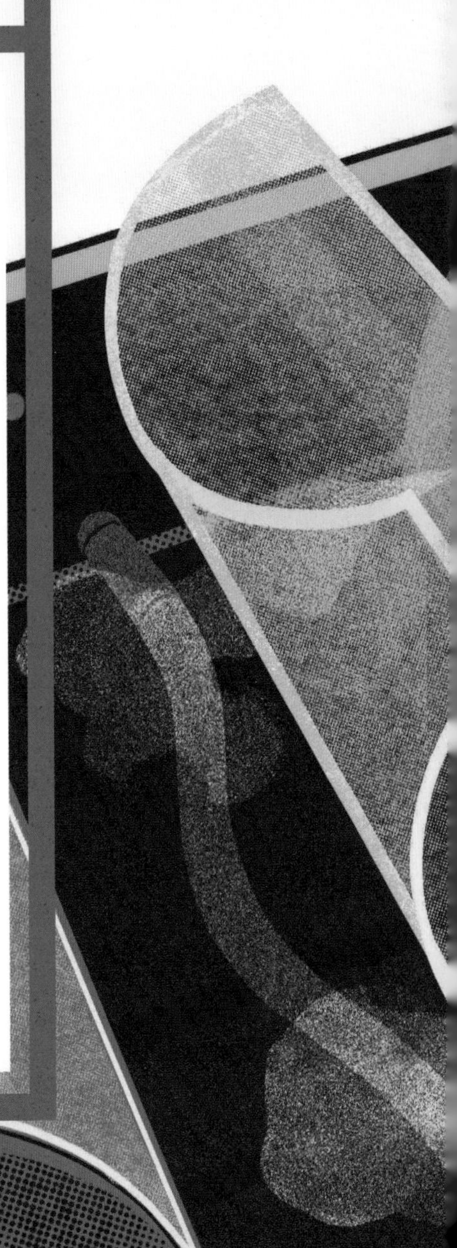

①玻璃化是指将物质转化为非晶态的玻璃状固体，避免在冷冻过程中对细胞造成损伤。

冬眠者

喜剧电影《冬眠者》（Hibernatus）1970年上映，由法国喜剧大师路易·德·菲奈斯主演，讲述一个在1905年极地考察时死去的探险家的故事。

他冰冻的身体在65年后被发现，冬眠专家使他复活。为了避免让这位奇迹复活、但仍然相信自己生活在1905年的人遭受精神创伤，科学家让他的家人像几十年前的人那样生活，使用煤油灯、马车，穿当时的衣服。随之而来的误会当然是不可避免的！

永生，是好是坏？

健康地活到150岁令很多人向往，但这会不会给我们的社会和地球带来风险呢？

最新的科学研究表明，依据目前的医学水平，一个人不太可能活过**150岁**，这将是我们物种天然的生物极限。

但是，**科学技术的进步**如此之快，未来几十年里将会有什么新发现，我们不得而知。超人类主义者的疯狂计划能否会让人类寿命延长至150年以上？

超人类主义者所畅想的高科技人类亦面临着**伦理问题**。会不会划分出两类人？一些能够支付纳米机器人“军团”照顾自己并用人工智能武装头脑的人，以及没有能力获取这些服务的其他人。后者会变成下等人，甚至为前者服务的奴隶吗？如果掌控纳米机器人的电脑要反抗人类意志，又会发生什么呢？

社会问题也会随之产生。如果我们身体健康地活到150岁，多少岁可以退休？120岁时是否还有工作的能力和意愿？如果退休后还能活非常非常久，那么谁来支付退休金？

最后，如果我们死得更晚，这意味着已经快速增长的地球人的数量将会增长更快。但目前我们每年的消耗都已经超过了地球的正常供给，地球能再负担更多的人吗？用于延长人类寿命研究的投资是不是应该用来解决我们已经遇到的**生态问题**？

结 语

人类与其他动物有什么区别？本书开篇提出了这个问题。这里给出了另一个可能的答案：在过去的一个世纪里，人类是唯一一种将预期寿命增加了几十年的动物。未来将告诉我们，医学和技术能否继续在这条路上发展下去，并实现人类的永生梦想。但这真的重要吗？

或许在很久以前，永恒之作《吉尔伽美什史诗》已经向我们揭示了幸福的秘诀：在吉尔伽美什国王放弃长生不老，接受生而为人的局限时，他也获得了智慧，开始行善。我们的生命不一定会很长。那就从现在开始，好好把握每分每秒吧！

让我们走得更远

关于时间、衰老、不朽以及死后生命的作品有很多，有科学著作、小说、科幻电影、灵异电影等，下面列出其中一些，供诸君参考。

电　影

■《高地人》（*Highlander,* 1986）
导演:（澳）拉塞尔 · 穆卡希（Russell Mulcahy）
柯诺 · 麦克劳德是一个长生不老的人，他向其他永生者发起了无情的攻击。
■《本杰明 · 巴顿奇事》（*The Curious Case of Benjamin Button,* 2008）
导演:（美）大卫 · 芬奇（David Fincher）
本杰明 · 巴顿一出生便拥有80岁老人的样貌，随着岁月的推移，他逐渐变得年轻。

关于超自然生物的电影

■《活死人之夜》（*Night of the Living Dead,* 1968）
导演:（美）乔治 · A · 罗梅罗（George A. Romero）
死人从宾夕法尼亚州的一个墓地走了出来，它们开始攻击活着的人。
■《阴间大法师》（*Beetlejuice,* 1988）
导演:（美）蒂姆 · 波顿（Tim Burton）
一对新婚夫妇去世后，常常回来光顾他们生前居住的房子……
■《人鬼情未了》（*Ghost,* 1990）
导演:（美）杰瑞 · 扎克（Jerry Zucker）
被谋杀后，山姆成了鬼魂，他开始调查自己的死因并试着和未婚妻交流。
■《木乃伊》（*The Mummy,* 1999）
导演:（美）斯蒂芬 · 索莫斯（Stephen Sommers）
考古学家不小心复活了古埃及大祭司的木乃伊。

书籍

科学文献

- 《死亡与不朽：知识信仰百科全书》（*La mort et l'immortalité : encyclopédie des savoirs et des croyances,* 2004）

作者：（法）弗雷德里克·勒努瓦（Frédéric Lenoir）、（法）让-菲利普·托纳克（Jean-Philippe Tonnac）

六十名历史学家、民族学家等专家讲述全球各地古往今来关于死亡的见解。

- 《将要活到200岁的人是否已经出生？》（*L'homme qui vivra 200 ans est-il déjà né ?* 2017）

作者：（法）佛罗伦丝·索拉里（Florence Solari）

关于寿命延长、基因作用、环境……

- 《希望有一个漫长而美好的生活》（*L'Espoir d'une vie longue et bonne,* 2018）

作者：（法）贝尔纳·撒布劳尼尔（Bernard Sablonnière）

关于衰老的前沿医学研究。

虚构作品

- 《吉尔伽美什史诗》（*The Epic of Gilgamesh,* 4000多年前）

吉尔伽美什国王寻找永生仙草的冒险经历。

- 《弗兰肯斯坦》（*Frankenstein,* 1818）

作者：（英）玛丽·雪莱（Mary Shelley）

弗兰肯斯坦博士用尸体部位拼接成一个古怪的生物，并企图使其获得生命。

- 《道林·格雷的画像》（*The Picture of Dorian Gray,* 1890）

作者：（英）奥斯卡·王尔德（Oscar Wilde）

一个年轻男子许愿让自己青春永驻，他的肖像代替他衰老。

- 《德古拉》（*Dracula,* 1897）

作者：（爱尔兰）布莱姆·斯托克（Bram Stocker）

被诅咒之后，德古拉伯爵变成了吸血鬼，永生不死。

■《彼得 · 潘》(*Peter Pan,* 1911)
作者:(英)J.M. 巴利 (J. M. Barrie)
彼得 · 潘是个拒绝长大的男孩，他邀请三个来自伦敦的小孩访问他幻想中的王国。
■《人都是要死的》(*Tous les hommes sont mortels,* 1946)
作者:(法)波伏娃 (Simone de Beauvoir)
中世纪的雷蒙德福斯卡王子喝了一杯不死药，药水使他长生不老。
■《大秘密》(*Le Grand Secret,* 1973)
作者:(法)勒内 · 巴雅韦尔 (René Barjavel)
岛上的居民因为感染病毒而不会老去。

漫 画

■《尼可波勒三部曲》(*La Trilogie Nikopol,* 1980—1993)
作者:(法)恩基 · 比拉 (Enki Bilal)
故事融科幻小说和诗歌于一体，时间设定在不久的将来。
■《独自在家》(*Seuls,* 2006—)
作者:(比)布鲁诺 · 加佐蒂 (Bruno Gazzotti)、(法)法比安 · 韦尔曼 (Fabien Vehlmann)
一天早上五个孩子醒来后发现，城市里所有的居民都神秘消失了……
■《行尸走肉》(*The Walking Dead,* 2003)
作者:(美)罗伯特 · 柯克曼 (Robert Kirkman)、(美)托尼 · 摩尔 (Tony Moore)
瑞克 · 格兰姆斯和同伴们试图摆脱活死人的威胁。同名电视连续剧基于该漫画改编。